JN058858

撤退と再興の農村戦略

複数の未来を見据えた前向きな縮小

林 直樹

学芸出版社

はじめに

「活性化が難しい集落」のための集落づくりの参考書

現状維持にこだわらない「生き残り策」

　時々、明るいニュースを耳にすることもあるが、山間地域の小集落の集落づくりには依然として厳しいものがある。「長い間、特産品づくりや都市農村交流といった活性化に挑戦してきたが、集落の衰退に歯止めがかからない」「一時にぎやかになるだけのイベントに疑問を感じる」「数年先はさておき、数十年先となると、明るい姿を描くことができない」「活性化のためのまとまったマンパワーが残っていない」といった集落も少なくないのではないか。

　本書の核心的な起点は、「そのような活性化が難しい場合はどうすればよいのか」という非常にシンプルな問いである。この先は、特にそのような場合が増えるであろう。それにもかかわらず、山間地域の小集落の集落づくりでそのことが論じられることはあまりない。よほど自信があるのか。タブーになっているのか。単なる無責任なのか。

　本書は、「従来型の活性化が難しい集落」のための集落づくりの参考書である。無論、「もう諦めましょう」といった主張をするつもりはない。現状維持にはこだわっていないが、本書の狙いは、あくまで「集落の生き残り」について考えることである。なお、「集落づくり」と聞いて、外部の人が地図と数字だけで無機的に考えるような集落づくりを想像した方もいるかもしれないが、本書の「集落づくり」は、当事者が「当事者の価値観」で決定するような集落づくりである。

　本書の執筆では、「厳しい過疎地の集落づくりの入門書」となることを目指し、用語の説明にも力を入れた。流行の用語まで網羅したわけではないが、「厳しい過疎地の集落づくり」を考える方々にとっては、「入門的な教科書」といってよいレベルになっている。

本書の最も斬新な点：「撤退して再興する集落づくり」の導入

　話題の一つ一つを別々にみた場合、本書に斬新なところはないかもしれない。やや珍しいといえば、無住集落を多数紹介していることであろうが、それにつ

いても、佐藤晃之輔氏の『秋田・消えた村の記録』（1997年）、浅原昭生氏の『廃村と過疎の風景』シリーズ（2001年から）など、すでに良書がいくつも出版されている。

本書の最も斬新な点は、「時間軸を強く意識した集落づくりの新しい枠組み」「いったん撤退し、好機が到来したら再興する（≒活性化させる）」という集落づくりを提示していることであろう。拡大や現状維持を基本とする従来型の集落づくりとは大きく異なる。また、新しい枠組みの「作り方」、答えに至るまでの思考上の「道具」について言及していることも、本書の斬新な点としてあげておきたい。

コミュニティの都合だけでよいのか

従来型の集落づくり論では、コミュニティの担い手に注目するあまり、農林業・環境・財政などが「単なる背景」や抽象論になっていることが多かった。本書の場合も、中心的な話題は「担い手」に関するものであるが、農林業・環境・財政などについても、ある程度の紙面を割いて説明している。それもまた本書の特徴の一つといってよいかもしれない。

できるだけ「敵」を作らない集落づくり論

筆者の好みがにじみ出ていることは否定できないが、本書では「集落づくりAを推奨するために、集落づくりBの欠点や問題を一方的に（しかも用語の定義や議論の対象などを確認することなく）たたく」といった「敵を作る論法」は登場しない。集落づくりに関する多種多様なゴール（目標とする集落の形）や手法をいったん肯定し、「組み合わせ」の妙を考えるのが本書の基本的な姿勢となっている。無論、個別の手法を列挙するだけの「集落づくりのカタログ」とも異なる。なお、筆者が「反対」という姿勢を示すとすれば、原則として、それは「思考停止につながるような極端な主張」に対してだけである。

第1章の概要：まずは議論の土台づくり

さて、ここまでだけでもかなり伝わったと思われるが、本書の目的や基本的な思考は、従来型の集落づくり論とは大きく異なっている。それについては、1・1（第1章第1節）で短くまとめられているので、熟読することをお願いしたい。第1章の第2節以降は本論に入る前の準備運動であり、その狙いは、用語の定義や議論の対象となる集落のイメージを共有すること、山間地域に対す

る誤解を解くことなどである。

第2章の概要：「究極の過疎」ともいうべき無住集落から学ぶ

第2章では、主として無住集落に注目しながら、「撤退して再興する集落づくり」を支える前提について検討している。ここでの最大の問いは、「（常住）人口が減少するなかでも、集落振興の基盤を保持できるのか」であり、集落振興の基盤として、土地の土木的な可能性、土地の権利的な可能性、集落の歴史的連続性、集落における生活生業技術に注目している。

なお、最近、行政の関係者から、「結局何をすればよいか。具体的に示してほしい」という注文を受けることが増えた。第2章および第3章の「行政へのお願い」というコーナーは、それへの答えをまとめたものである。

第3章の概要：マルチシナリオ式の集落づくり試論で理解を深める

第3章の主な目的は、従来型の活性化などを加えた上で、「撤退して再興する集落づくり」の議論にさらなる厚みを加えることであり、そのために、架空の集落を想定した試論を展開している。検討したシナリオは、次の4点、①遠くの大都市の人材に目を向ける（攻め重視）、②集落振興の基盤保持を優先（守り重視）、③集落外の縁者などを戦力化（攻めと守りのバランス型）、④過疎緩和のための自主的な集落移転である。

集落づくりには多くのゴールがあり、同じ状態に向かうとしても複数のルート（段取り）がある。状況がわるいときは状態Aで辛抱し、好転したら一気に状態Bに向かう、といったドラマのような展開もありうる。第3章を読めば、これまでの「活性化か全滅か」という直線的な議論がいかに窮屈であったかが分かるはずである。

そのほか、3・3では、都市の視点を取り入れ、「都市からも強く必要とされ、特別な支援を受ける可能性のある山間地域の小集落とは」という問いを設定し、筆者なりの答えを提示している。なお、そこでのキーワードは「生活生業技術」（昔ながらの自然と共生した生活や生業に必要な技術や知恵、その場所の山野の恵みを持続的に引き出す技術や知恵）である。

第4章の概要：建設的な縮小で役立つ個別の具体策

第4章の狙いは、建設的な縮小で役立つ個別の具体策について概観することである。土地管理の建設的な縮小、過疎緩和のための集落移転（自主再建型移

転)、生活生業技術の計画的な保全と記録手法、シミュレーションゲームの開発と活用、鍼灸師（しんきゅうし）の活躍などについて述べている。

終章の概要：残された宿題の糸口を提示

　終章は、ほかとはやや性格の異なる章であり、ここでは、残された宿題、すなわち、財政を考慮した「都市と農村の縮小」に光を当てている。文字どおり、糸口であり、最終的な答えが出ているわけではないが、「縮小の可否は、縮小のスピードにあり」といった重要な視点が提示されている。

『撤退の農村計画』の続編としての側面

今回の「集落移転」は脇役

　本書は、2010 年に出版された『撤退の農村計画』（以下「前作」）の続編に当たるものである。今振り返れば、荒削りなところも多いが、前作は、「発展・現状維持」だけの集落づくりに、「引いて守る」という新しい概念を導入した画期的なものであったと自負している。ここでは、前作と本書の違いについて少し触れておきたい。なお、前作を読んでいないことは、本書を理解する上での支障にはならないため、そのまま安心して読み進めてほしい。

　筆者にとっての前作の主役は、「過疎緩和のための集落移転（例：山奥から山裾にまとまって引っ越す）」であった。その種の移転は、非常にすぐれた手法であるが、生き残り策の全体像を考えるなかでは、「使っても使わなくてもよい部品」の一つにすぎない。本書で登場する「集落移転」は脇役の一つであり、そのための紙面もわずかである。しかし、前作にはなかった論考（例：次世代型移転）が追加されているので、「集落移転だけに興味がある」という方も、本書を閉じることなく、ぜひ、そのまま読み進めることをお願いしたい。

やや影が薄くなった歳出削減

　また、前作と比較すると歳出削減への言及も影が薄くなっている。1・3 では、関連事項として、厳しい過疎地の行政サービスを思い切って削減したとしても、財政の健全化という点では「焼け石に水」であることに触れている。

「時間スケールの明示」「用語の定義に注力」

　少し細かいことになるが、前作に関する教訓に「議論の時間スケールや用語が共有されていないことに伴う誤解が多かった」というものがある。本書では、

時間スケールや用語の定義について、一般的な書籍よりも細かく説明している。執筆に当たっては、「地域」といった、いかようにも解釈できる漠然とした用語をできるだけ使用しないことを心がけた。

　前作に関連する多くのご縁、ご教示なしに本書を仕上げることは不可能であったと断言できる。単著という形になっているが、本書は関係各位との交流の賜物と考えている。この場を借りて深謝の意を表したい。

　なお、本書執筆に関する研究については、JSPS 科研費 JP17K07998（「将来的な復旧の可能性を残した無居住化集落」の形成手法：新しい選択的過疎対策）の助成を受けて実施された部分があることを付け加えておきたい。

2024 年 1 月吉日

林　直樹

目次

第 **1** 章

撤退して再興する集落づくりを目指して

1・1

「じっくりと待つ」という発想

　本書の主な目的は、集落の生き残り策について考えることであるが、時間スケールが非常に長いこと、条件が極めて厳しい集落が対象となっていること、タイトルに見慣れない文字、「撤退」「再興」「戦略」があることなど、一般的な集落づくりの指南書とは大きく性格が異なる。ここでは、本書の対象とする集落、生き残り策に関する基本的な考え方について少し丁寧に説明する。

1　条件が極めて厳しい集落（常住困難集落）が対象

　本書の目的は、集落の生き残り策について<u>非常に長い時間スケールで考える</u>ことである。ただし、議論の対象は、原則として、<u>山間地域の小集落のうち、活性化による常住人口の維持が難しい集落</u>である。長くなるため、以下、そのような集落を「常住困難集落」と呼ぶ。この時点から議論の対象をクリアにすることは非常に重要である。その点がしっかり共有できていないと、「この本の筆者は、農村の足を引っ張ろうとしているのではないか」といった誤解を招く可能性がある。

　少し細かいことになるが、「集落」「常住人口」「小集落」「活性化」について補足する。「集落」というのは、「農村地域における小さな自治的・空間的なまとまり」である。「人口」には、住民基本台帳に基づく人口、関係人口など、いくつもの種類があるが、「常住人口」という場合は、「常に住んでいる人の人口」を指す。人口の調査としてなじみの深い<u>国勢調査の人口も常住人口である</u>。「小集落」については、面積が狭い集落ではなく、「常住人口が少ない集落」という意味で使用している（常住人口ゼロも含む）。「活性化」について一口で説明することは難しいが、常住人口の回復を目的とした雇用の創出、お祭りによる「にぎわいの創出」などが定番であり、最近では、地域おこし協力隊による活性化が注目を集めている。

2 時間スケールを延長すれば希望が見えてくる

(1) 常住人口を増やす機会はいくらでもある

　集落の生き残り策について考えるとはいったが、議論の対象は、条件が極めて厳しい常住困難集落である。自然な流れであれば、「結局、衰退し消滅に向かうだけでは」という疑問にぶつかるところであろう。

　それに対し、筆者は、「活性化による常住人口の維持が難しいといっても、それは現時点での話であり、30年以上の非常に長い時間スケールでみれば、常住人口を増やす機会はいくらでもある」と考えている。一見、絶望的であっても、時間スケールを延長すれば希望が見えてくる（時間スケールの延長が必要）ということである。

　少なくとも電子機器の技術向上は日進月歩の状態である。50歳以上の方は今から30年前、1994年から現在までの電子機器の技術向上を思い出してほしい。この先の30年も、それと同等またはそれ以上の技術の向上が見られるはずである。

　車の自動運転が普及すれば、農村での不便さの多くが解消されるであろう。自動運転型除雪機も夢ではない。山に放置されたスギやヒノキの新しい利用方法や加工方法が見つかる可能性、世界的な激変のなか木材の輸入が難しくなり、国内の木材価格が大きく上昇する可能性もある。身近なところでいえば、「ある日、意欲のある若い世帯がまとまって転入」といったことも考えられる。

　農村政策の代表的な研究者の一人である小田切徳美氏も著書『農山村は消滅しない』のなかで、コミュニティによる住宅整備（広島県三次市青河地区）、エネルギーの地産地消を意識した新たな「村」の創造（岡山県津山市阿波地区）など、希望ある事例を多数あげている[1]。

(2) 少ない常住人口で集落振興の基盤を保持する

　繰り返しになるが、じっくり待てば集落づくりの好機はいくらでも到来するであろう。ここで問うべきは、「好機が到来するかどうか」ではなく、「いつ到来するか」「好機が到来したとき、それをいかすことができるだけの力が集落に残っているか」である。そうなると、次にぶつかるのは「好機が到来するとしても、それまでに多くの集落が消滅してしまうのではないか」であろう。

それに対し、筆者は、「創意工夫が必要であるが、常住人口が減少しても、たとえゼロになっても、集落振興の基盤（例：土木的な可能性、土地の権利的な可能性、歴史的連続性）を保持することは可能」と考えている。ここでは、「創意工夫が必要」という点を特に強調しておきたい。

あとで細かく述べるが、本書では、前述の考え方を前提として、「撤退して再興する集落づくり」（≒じっくりと待つ集落づくり）というものを描く。なお、ここで重要なことは、今と未来を連続したものとして考えることである。あてもなく遠い将来の夢だけを語り、目の前の危機から目を背けるようなことは禁物である。

「わたしがいるかぎり大丈夫」式の楽観論が通用しない

危機をあおるつもりはないが、30年以上の時間で考えるとなると、個々人の年齢の変化が無視できなくなる。例えば、2023年4月1日時点で筆者は50歳であるが、30年後に生きていれば80歳、40年後なら90歳になっている。高齢者の平均余命については表1・1にまとめておいた。残酷に聞こえるかもしれないが、30年以上の時間で考えるとなると、まず、「30年先、自分自身が生きているか」を気にする必要がある。高齢者の場合、「わたしがいるかぎり大丈夫」式の楽観論は通用しないとみるべきであろう。

表1・1　高齢者の平均余命

[年]

時点	男性	女性
65歳	19.97	24.88
70歳	16.09	20.45
75歳	12.54	16.22
80歳	9.34	12.25
85歳	6.59	8.73

出典：厚生労働省『完全生命表・第23回生命表（令和2年）』(2022年3月2日公表)

3　「撤退」「再興」とは

(1)「撤退して再興するような集落づくり」とは

前述のとおり、本書では、「①30年以上の非常に長い時間スケールでみれば、常住人口を増やす機会はいくらでもある」「②創意工夫が必要であるが、常住人口が減少しても、たとえゼロになっても、集落振興の基盤を保持することは可能」の二つを前提として、「撤退して再興する集落づくり」（≒じっくりと待つ集落づくり）というものを描く（図1・1）。

本書では、「撤退して再興する集落づくり」を、「①無理をせず、常住人口の

減少という厳しい現実を一度受け入れる」「②『常住人口が少なくなっても（ゼロになっても）集落振興の基盤を保持する方法』を考え、実践する」「③追い風が確実となったとき、常住人口の増加に向けて大きくかじをきる」の三つで構成される一連の集落づくりと定義する。さらに、①および②を「撤退」、③を「（撤退からの）再興」と呼ぶ。

(2)「いわゆる活性化」「撤退」「再興」の関係

「常住人口の増減」に注目して、「いわゆる活性化」、本書における「撤退」「（撤退からの）再興」の関係を整理する（図1・2）。特に農村の場合、単に「活性化」といえば、常住人口の維持（あわよくば増加）が最終的な目的となっていることが多い。さらにいうと、この先の常住人口の減少は原則として容認されない。「活性化」という用語も多義的であるが、本書では、「常住人口の維持

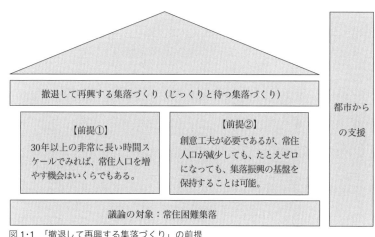

図1・1　「撤退して再興する集落づくり」の前提

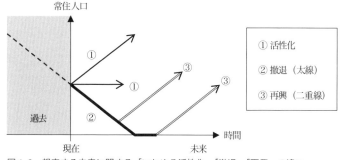

図1・2　想定する未来に関する「いわゆる活性化」「撤退」「再興」の違い

または増加を目的とした集落づくりのうち、この先の常住人口の減少を容認しないもの」を「いわゆる活性化」と呼ぶこととする。「いわゆる活性化」では、実現可能かどうかはさておき、常住人口の「現状維持」または「現在を最低としたV字回復」を目指すことになる（図1・2の①参照）。

それに対し、「撤退」では、この先の常住人口の減少が容認される（図1・2の②参照）*2。なお、「容認」というのは、「よくはないが、受け入れる」という非常にデリケートなことばである。「撤退」といっても、常住人口の減少を「歓迎しているわけではない」ということに注意が必要である。

最後は、「（撤退からの）再興」であるが（図1・2の③参照）、常住人口の増加を目指すという点だけをみれば、「いわゆる活性化」と「（撤退からの）再興」は同義である。両者の決定的な違いはタイミングであり、追い風や向かい風など関係ない（あるいは「常に追い風」とみなす）のが「いわゆる活性化」、追い風が到来するまでじっくり待って動くのが「（撤退からの）再興」である。

少しそれるが、「撤退」の実行は、集落にある程度の「体力」が残っていることが前提となる。一瞬、奇妙に聞こえるかもしれないが、「撤退」はわりと恵まれた選択肢であり、成り行き任せで消滅し、何も残らないような「敗走」とは全く異なる概念である。

(3)「尊厳ある閉村」もありうる

「撤退して再興する集落づくり」は、漠然と外部の人材やお金をあてにする集落づくりよりもはるかに現実的なものであるが、「万能薬」というわけでもない。本書では、極めて厳しい状況が続く場合も想定し、「閉村」についても言及する。ただし、閉村にも「よしあし」というものがある。一概に否定はしないが、「荒廃した上に消滅」という形は避けるべきであろう。本書では、「尊厳ある閉村」といったものも取り上げる。

(4)「減っても大丈夫な形」を描いてみる

人口にしろお金にしろ、これまでの集落づくりの基本は「減る（減った）から増やせ」方式であった。無論、それ自体を否定するつもりはないが、全体が減少傾向となる可能性が高い「これからの数十年」を、そのような考え方だけで乗り切ることは不可能であろう。この先は、減る（減った）なら「減っても大丈夫な形」を描いてみるという考え方が不可欠になると思われる。

ここで大切なことは、縮小や簡素化にグレードをつけること、すなわち、「本質をあまり損ねない建設的な縮小や簡素化（よい縮小）」「本質を大きく損ねる破壊的な縮小や簡素化（わるい縮小）」を区別して考えることである。本書における「撤退」は、前述の「よい縮小」に該当すると筆者は考えている。

　何かと縮小する時代では、集落づくりにかぎらず、「撤退」というものが必要になるであろう。世の中には、「『撤退』という用語は、感情的に受け入れることができない」といった声も一定数存在する。しかし、「撤退」には、「底力を信じる」「明るい未来の到来を信じる」（信じるからこそ撤退できる）といった肯定的な側面もある。「撤退」を「脈絡もなくただ明るいだけの用語」に置き換えることも否定はしないが、筆者としては、「撤退」という用語のイメージ自体が改善されることを切に望む。

4　「撤退して再興する集落づくり」論に関する障壁

(1)「現状維持以外は許されない」派との対立

　以前と比べると少なくなったが、農林業の世界では、「山間地域の農林業をやめると洪水や渇水が多発するようになる（現状維持以外は許されない）」「食料の輸入がストップすると悲惨なことになるから、耕地の減少は一切容認できない」といった固定観念がみられることがある。一方、「撤退して再興する集落づくり」を選択した場合、一時的とはいえ、山間地域の農林業がある程度衰退する可能性がある。そのため、そのような集落づくりを議論するためには、前述の固定観念を一度打ち破り、山間地域の農林業の限定的な放棄や簡素化を容認することが求められる。

(2)「都市を守るために農村を切り捨てる」派との対立

　撤退の狙いは「無理をせず時間を稼ぐ」であり、それは「低密度の土地利用」や「土地利用の可能性」が長く続くことを意味する。そうなると、筆者が掲げる「撤退」は、「都市を守るために、財政的にムダの多い山間地域一帯の行政サービスを一気に削減すべき」「強制移住が必要」といった考え方とも対立することになる。筆者は、市街地／過疎地を問わず、長期的には、財政の歳出削減が不可欠という立場をとっているが、その種の一方的で急進的な負担のしわ寄せには反対している。農林業の限定的な放棄や簡素化の件も含め、そのあたりの

詳細については、**1・3**で詳しく述べる。

5 「分からない」を議論のテーブルへ：「農村戦略」「動的な集落づくり」

(1) 未来のことは「分からない」が基本

　本書を手に取ったとき、「なぜ、農村計画ではなく、農村戦略というのか」という疑問を持った方は少なくないはずである。次は、「戦略」というキーワードに目を向けてみよう。

　国内外の社会情勢は目まぐるしく変化している。2〜3年先はさておき、10年以上先の社会情勢をピンポイントで予想することは極めて難しく、「こうなる」と決めつけることは、むしろ「危険」というべきものであろう。基本的には、「未来は分からない」という姿勢が無難である。

　とはいえ、ピンポイントでの予想が困難であることをもって、「10年以上先の未来を考えることはむだである」「10年間以上の期間となれば、結局、行き当たりばったりのみ」などと考えることは建設的とはいえない。「分からない」にも「レベル」というものがある。悲観から楽観まで、ある程度の幅をもった予想なら可能であろう。

(2) 複数の未来を想定することからはじめる

　そこで、本書では、複数の未来を想定し、複数のゴール（目標とする集落の形）や手法を準備し、集落づくりを進めるなかで状況に応じてゴールや手法を切り替えること（動的な集落づくり）を提案したい。さらに、そのような動的な集落づくりに関する「設計図」を「農村戦略」と呼ぶこととする*3。

　なお、「必要があればn年後に見直す」式の集落づくりも、「複数の未来」を強く意識したものといえるが、単に「見直す」と記述するだけであれば、農村戦略に含めないこととする。「農村戦略」というからには、策定時点で、複数の未来、複数のゴールや手法をある程度具体的に想定（設定）することが求められる。

(3)「動的な集落づくり」「農村戦略」の好例

　「動的な集落づくり」「農村戦略」の好例はすでに登場している。「撤退して再興する集落づくり」では、「当面の悲観的な未来」「少し先の楽観的な未来」の両方を想定し、前者に対する目標として「少数（ゼロを含む）の常住人口で集

落振興の基盤を保持する形」、後者に対する目標として「常住人口が回復した形」を掲げている。つまり、「撤退して再興する集落づくり」は、「動的な集落づくり」の一種であり、その設計図は「農村戦略」の一種ということになる。

（4）農村戦略は特別難しいことではない

農村戦略は、個人レベルでは「ごく当たり前の感覚」を集落づくりに応用したにすぎない。アルファベットやカタカナを多用した難しい理論も登場しない。例えば、高校3年生になったばかりの受験生の受験勉強「戦略」を考えてみよう。第一志望の試験には数学があるが、本人は数学が苦手であると仮定する。その場合、「夏までに数学の苦手が克服できなかったら、志望校を『数学なしで受験できる大学』に切り替え、数学にかける勉強時間を大幅に減らす」といった動的な受験勉強が考えられる。複数の未来（夏までに苦手の克服ができない／できる）、複数のゴール（ここでは志望校）があり、必要に応じて志望校や勉強方法を切り替えるという点をみれば、農村戦略と同様といってよい。

（5）「戦略」という用語は多義的

「農村戦略」の定義については前述のとおりであるが、一般的に「戦略」という用語はどのような意味で使われているのか。「戦略」は多義的であり、10人に聞けば10種類の答えが返ってくるような難しい問いであるが、筆者が最も参考にしたのは、福田秀人氏の「戦略」である。同氏は『ランチェスター思考』のなかで次のように述べている。

> 戦略と計画は、最初は、同じ形でまとめられる。（改段）すなわち、目標を決定し、各部門、各人がどういった個別目標をどのように達成してゆくかをまとめる。（改段）違いは、その後であり、新たなチャンスや脅威の出現など、状況の変化をマークし、変化が生じれば目標を含む、あらゆる事項を改廃することを考慮していれば、計画と呼んでいても戦略であり、そうでなければ計画である。[4]

6 「当事者が当事者の価値観」で決めるべき

本節（1・1）最後となってしまったが、集落づくりの「基本中の基本」につ

いて少し触れておきたい。個々の集落の状況は多種多様である。今必要なこと
は、個々の状況は多種多様という現実を強く意識し、多種多様な選択肢を準備
することである。極めて楽観的で極端に単純化された集落づくり論は、一瞬、
明るい気持ちにさせるが、いたずらに現場を混乱させるだけと筆者は考えている。

　本書には、常住困難集落のための唯一の答えといったものは記されていない。
考え方や選択肢が記されているだけである。責任逃れのように聞こえるかもし
れないが、最終的な正解は、当事者が当事者の価値観で決めるべきものである。

1・2
山間地域の現状と未来：建設的な議論のために

　一つ一つの集落をみれば、常住困難集落も一様ではないが、建設的な議論を
進める上では、おおまかであっても標準的な姿を共有しておいたほうがよい。
ただし、それを描写することは容易ではない。本節では少し範囲を広げ、山間
地域の小集落、山間地域全般について概観する。この先の全体的な潮流、常住
人口ゼロの集落についても少し触れる。

1 「山間地域の小集落」とは何か

(1) 山間地域とは何か
統計上の区切りなら「山間農業地域」

　まず、「山間地域とは何か」という問いに答える。なお、本書はむらづくりの
専門家以外でも容易に理解できるようにするため、用語の説明がやや多いこと
をこの場でお断りしておきたい。

　「何をもって山間地域とするのか」に対する統一的な答えは存在しないが、統
計上の区切りということであれば、農業地域類型の一つである「山間農業地域」
が山間地域という概念に最も近いと思われる。「(都市的地域以外で) 林野率
80％以上かつ耕地率 10％未満の旧市区町村 (昭和 25 年 2 月 1 日時点の市区町
村)」を「山間農業地域」という*5。旧市区町村ではなく、現在の市区町村でみ

表 1·2　農業地域類型区分

農業地域類型	基準指標
都市的地域	・可住地に占める DID 面積が 5% 以上で、人口密度 500 人以上又は DID 人口 2 万人以上の旧市区町村。 ・可住地に占める宅地等率が 60% 以上で、人口密度 500 人以上の旧市区町村。ただし、林野率 80% 以上のものは除く。
平地農業地域	・耕地率 20% 以上かつ林野率 50% 未満の旧市区町村。ただし、傾斜 20 分の 1 以上の田と傾斜 8 度以上の畑の合計面積の割合が 90% 以上のものを除く。 ・耕地率 20% 以上かつ林野率 50% 以上で、傾斜 20 分の 1 以上の田と傾斜 8 度以上の畑の合計面積の割合が 10% 未満の旧市区町村。
中間農業地域	・耕地率が 20% 未満で、「都市的地域」及び「山間農業地域」以外の旧市区町村。 ・耕地率が 20% 以上で、「都市的地域」及び「平地農業地域」以外の旧市区町村。
山間農業地域	・林野率 80% 以上かつ耕地率 10% 未満の旧市区町村。

・この分類では、短期の社会経済変動に対して、比較的安定している土地利用指標を中心とした基準指標によって旧市区町村（昭和 25 年 2 月 1 日時点の市区町村）を分類した。

注：1　決定順位：都市的地域→山間農業地域→平地農業地域・中間農業地域

　　2　DID［人口集中地区］とは、人口密度約 4,000 人／km² 以上の国勢調査基本単位区がいくつか隣接し、合わせて人口 5,000 人以上を有する地区をいう。

　　3　傾斜は、1 筆ごとの耕作面の傾斜ではなく、団地としての地上の主傾斜をいう。

　　4　本書に用いた農業地域類型区分は、平成 29 年 12 月改定のものである。

出典：農林水産省『農業地域類型別報告書（2015 年農林業センサス報告書）』

る場合もある。

　山間農業地域以外の区切りでは、都市的地域、平地農業地域、中間農業地域がある（表 1·2）。細かいことであるが、中間農業地域と山間農業地域をひとまとめにして「中山間地域」という。なお、この分野では、土地の傾き（勾配）を「$y ／ x$（x 分の y）」という形で表すことがある（表 1·2 でも登場）。これは、水平方向に x（m）移動すると、高さが y（m）変化するような傾斜という意味である。

　農業地域類型以外では、「散在集落（山場）」「散居集落（平場）」「集居集落」「密居集落」という類型もある[*6]。その場合、「山間地域」といえば、「散在集落（山場）」となる可能性が高い。

個別にみる場合の「山間地域」

　旧市区町村単位や現在の市区町村単位の情報は、広い範囲のおおまかな傾向をみるような場合に大きな力を発揮するが、集落の一つ一つを細かくみるよう

な場合はあまり適していない(現地での実感と乖離する可能性がある)。一つ一つをみる場合は、「山のなか、または、比較的緩やかな地形であっても中心部が山林で囲まれたようなところを山間地域とみなす」というレベルでよいと筆者は考えている。以下、単に「山間地域」という場合は、そのような場所を指すこととする。前述の山間農業地域を指す場合は、そのまま「山間農業地域」と記す。

(2) 集落とは「農業と生活の都合で形成された小さな地域単位」

　ここまで何度も登場しているが、集落という用語について少し細かく説明しておきたい。集落という概念にもいくつかの「層」のようなものがあり、単純そうで難しい。ただし、おおまかなイメージをつかむだけであれば、農業や農村に関する研究でよく使用されている「農業集落」が、いわゆる「集落」の概念に近いと考えてよいであろう。農業集落の意味を一口でいえば、「農業と生活の都合で形成された小さな地域単位」となる[*7]。なお、学術的な解説で一口に「集落」「農業集落」という場合は、家屋のまとまりだけでなく、耕地や林業のための森林なども含まれることが多い。

(3) 数字でみる農業集落の面積[*8]
山間農業地域では農業集落の約27%が「500ha以上」

　ここでは、土地のスケール感を共有するため、農業集落の面積について概観

表1・3　総土地面積規模別農業集落数

[集落]

	都市的地域	平地農業地域	中間農業地域	山間農業地域	全国
50ha 未満	10,561	10,404	10,431	2,438	33,834
50 〜 100	8,811	10,140	9,928	3,427	32,306
100 〜 150	4,245	5,375	7,152	3,055	19,827
150 〜 200	2,182	2,858	4,827	2,619	12,486
200 〜 250	1,287	1,717	3,396	2,044	8,444
250 〜 300	761	1,055	2,423	1,607	5,846
300 〜 400	835	1,163	2,969	2,585	7,552
400 〜 500	366	602	1,696	1,694	4,358
500ha 以上	734	1,401	4,315	7,153	13,603
計	29,782	34,715	47,137	26,622	138,256

備考：旧市区町村単位の農業地域類型
出典：農林水産省『農業地域類型別報告書（2015年農林業センサス報告書）』

しておこう。表1・3は総土地面積規模別農業集落数である。その表によると、山間農業地域の場合、約27%（7,153 ／ 26,622）が「500ha 以上」という広大な集落となっている（平地農業地域の場合は約4%）。ただし、「広大な集落」といっても、その大部分は森林である。林業を別とすれば、人間が活用できる土地はわずかといわざるをえない。

人工林とは「林業のための森林」

　「森林」ということばが登場したところで人工林について少し説明しておきたい。苗木の植栽（種をまく場合もある）を含めた管理作業により形成された「林業のための森林」を「人工林」という。人工芝のイメージから合成樹脂の樹木を連想する方もいるかもしれないが、人工林の樹木は本物である。人工林の樹種としてはスギやヒノキが多い。なお、林業の基本については1・3・1で詳しく述べる。

　人工林は特段珍しいものではない。日本の領土の総面積は約37,800千ha であるが、それに対し、日本全体の天然林は13,481千ha、人工林は10,204千ha（スギの人工林は4,438千ha、ヒノキの人工林は2,595千ha）である[9]。

（4）何戸以下なら「小集落」となるのか

誤解につながりやすい「量的な基準」

　何戸以下なら「小集落」となるのか。これは非常に難しい問いであり、結論からいえば明確な答えは存在しない。加えていえば、借置きであっても量的な基準は示したくないという思いも強い。「その数字を上回るなら大丈夫（対策を考える必要はない）、その数字以下なら絶望的な状況」といった誤解が生じることを危惧しているからである。

消滅可能性都市（増田レポート）の騒動

　2014年ごろに話題となった「消滅可能性都市」（消滅の可能性のある自治体）は、その最たるものであろう。日本創成会議・人口減少問題検討分科会は、2010年から2040年までの間に「20 〜 39歳の女性人口」が5割以下に減少すると推計された896の自治体を「消滅可能性都市」と呼んでいる[10]。しかし、その資料をよく読めばすぐに分かることであるが、「消滅可能性都市なら絶望的」「そうでなければ大丈夫」ということではない（程度の差にすぎない）。それにもかかわらず、「消滅可能性都市」といわれ、なかばパニック状態になって

しまった人が少なくなかったことは非常に残念といわざるをえない。「増田レポート」の問題については、小田切氏も、書籍『農山村は消滅しない』[*1]のなかで厳しく批判している。

限界集落の騒動

　古いところでは「限界集落」の騒動も似たようなものである。過疎問題で非常に有名な大野晃氏は、1991年の論考[*11]のなかで、「限界集落というのは、量的には65歳以上人口が集落の半数を超えている集落である」と述べている。しかし、その論考を読むかぎり、「5割（半数）」という数字自体に大した意味はない。いわゆる「閾値」のようなものではないため、65歳以上の人口が5割を超えた瞬間、何か「質的な変化」[*12]が生じるというわけではない。

危機をあおってもよい結果は出ない

　消滅可能性都市にしろ、限界集落にしろ、筆者は、提唱者に悪意があったとは思っていない。それらを受け取る側にも、「原典を熟読していない」「被害妄想」といった問題があったと思っている。とはいえ、最終的には危機をあおることになってしまった。

　危機をあおってもよい結果は出ない。パニックや恐怖に伴う思考停止の弊害のほうがはるかに大きいと筆者は考えている。今、持つべきものは、建設的な議論を促進するような「ほどよい危機意識」である。

無難なところでは「19戸以下」または「9戸以下」

　そうはいっても、「標準的な姿」の共有を目指す本節で「何戸以下なら小集落か」という問いから逃げるわけにはいかない。「50戸以下」あたりから「4戸以下」まで大きく分かれるところであろうが、「無難」ということであれば、「9戸以下」、少し広くとって「19戸以下」でよいのではないか。

　例えば、農林水産政策研究所の研究資料には、「守り」の活動（この文の最後脚注を参照）について、総世帯数10戸未満の集落では、規模（戸数）が大きいほど活動率が上昇、10戸を超えると活動率は徐々に横ばい、20戸以降はほぼ横ばい、と記されている[*13]。「戸数が減少する」という流れでみると、10戸未満になると活動も弱体化する、ということになる。「守り」の活動の弱体化をもって「小規模」とみなすということであれば、総世帯数9戸以下が「小規模」となる。

なお、4戸以下となると「小さい」を通り越して、「無人化の直前」という感じになる。古い論文であることに注意が必要であるが、豪雪地帯で集落を維持するには5〜6戸以上が必要という指摘もある*14。あくまで「豪雪地帯で」であるが、4戸以下では非常に厳しいということになる。

（5）山間農業地域では「9戸以下」が4,768集落

　表1・4は、総戸数規模別農業集落数である。その表によると、山間農業地域の場合、約18％（4,768／26,622）が9戸以下という小さな集落となっている（平地農業地域の場合は約4％）。なお、「9戸以下」の集落数4,768を都道府県数47で割ると、1都道府県当たり約100集落ということになる。9戸以下のラインでみた場合、山間農業地域の「小集落」は特段珍しいものではない。多くの場合、市街地から車で30分から1時間走るだけで、どこかの「小集落」にたどり着くはずである。

　「山間地域の小集落」の説明だけでかなり長くなってしまったが、これは本書における考えであり、「唯一の正解」というものではない。というより、「唯一の正解」については存在しないと考えるべきであろう。ここで大切なことは、建設的な議論を望むなら、暫定的であっても対象集落のイメージ（定義）を共有してからはじめるべき、ということである。100戸でも小集落に入ると考える人と、9戸まで減少して小集落と考える人が、「小集落」の定義を共有するこ

表1・4　総戸数規模別農業集落数

[集落]

	都市的地域	平地農業地域	中間農業地域	山間農業地域	全国
9戸以下	449	1,444	3,650	4,768	10,311
10〜29	1,845	6,686	14,860	10,785	34,176
30〜49	2,128	7,022	9,928	4,691	23,769
50〜99	4,241	9,380	9,609	3,717	26,947
100〜149	3,048	3,879	3,556	1,131	11,614
150〜199	2,170	2,007	1,694	502	6,373
200〜299	3,098	1,988	1,722	452	7,260
300〜499	3,767	1,351	1,196	321	6,635
500戸以上	9,036	958	922	255	11,171
計	29,782	34,715	47,137	26,622	138,256

備考：旧市区町村単位の農業地域類型
出典：農林水産省『農業地域類型別報告書（2015年農林業センサス報告書）』

となく話し合っても、全くかみ合わないであろう。

2 高齢者の五大悩み：買い物・病院関連・獣害・草刈り・雪対策

(1) 地域差や個人差が大きい日常生活の苦労や悩み

まずは、「日々の暮らし」という角度から山間地域を概観する。ここで注意すべきことは、日常生活の苦労や悩み、個々の経済状態については地域差や個人差が非常に大きいということである。ひどく困っている人がいれば、それほどでもない人もいる。極端な単純化は禁物である。

ここでは、雪国の高齢者に注目しながら、日々の暮らしの苦労や悩みの傾向を示す。おおまかな傾向であるが、日常生活の「五大悩み」といえば、①買い物、②病院関連、③獣害、④雪対策、⑤草刈りといってよいであろう。温暖な地域もおおよそ似たようなものであるが、当然ながら、④の雪対策は無縁である。以下、それらについて少し補足する。

(2) 買い物・病院関連の悩み

「資料」から分かる悩みの中身

山間地域限定でも雪国限定でもないが、「65歳以上の高齢者が人口の50％以上の集落を含む地区に居住する世帯主」を対象としたアンケート調査（国交省）の結果を見てみよう（そのような地区の多くは山間地域と思われる）。生活の上で困っていること（1位に選択）としては、「近くで食料や日用品を買えないこと」「近くに病院がないこと」「救急医療機関が遠く、搬送に時間がかかること」などが多い（表1・5参照）。なお、回答数としては多くないが、「自身・同居家族だけでは身のまわりのことを充分にできないこと」といった深刻な問題があることにも注意が必要であろう。介護が必要となった場合は、かなり厳しいと思われる。

自家用車が利用できるなら不便ではない

雪国かどうかに関わらず、山間地域の小集落で商店や診療所などを見かけることはまれであり、鉄道やバスも概して貧弱である。ただし、自分以外が運転する場合も含め、自家用車が利用できるなら、特段不便というほどではない。

山間地域の小集落といっても「険しい山道を歩いて集落へ」というのは大昔の感覚である。今は厳しい過疎地であっても、多くの場合、舗装道路が当たり

表1·5　生活の上で困っていること

	回答数		
	1位	2位	3位
近くで食料や日用品を買えないこと	229	140	161
近くに病院がないこと	300	234	90
救急医療機関が遠く、搬送に時間がかかること	278	216	119
子どもの学校が遠いこと	29	19	22
近くに働き口がないこと	120	85	62
郵便局や農協が近くになく不便なこと	40	98	84
携帯電話の電波が届かないこと（電波状態が悪いこと）	52	68	78
農林地の手入れが充分にできないこと	69	82	93
お墓の管理が充分にできないこと	7	14	14
サル、イノシシなどの獣があらわれること	133	123	135
台風、地震、豪雪など災害で被災のおそれがあること	92	100	105
自身・同居家族だけでは身のまわりのことを充分にできないこと	24	34	36
ひとり住まいでさびしいこと	28	24	54
近所に住んでいる人が少なくてさびしいこと	9	46	89
その他	42	11	21
有効回答			1,452
無回答			397

・調査対象：65歳以上の高齢者が人口の50％以上の集落を含む地区に居住する世帯主（全国から20地区選定）。「あなたや同居している家族が生活のうえでお困りのことなどについてうかがいます」とした上での問い。
・回答方法：一番困っていること、二番目・三番目に困っていることを選択。
・網かけは筆者が追加したもの。
出典：国土交通省国土計画局総合計画課『人口減少・高齢化の進んだ集落等を対象とした「日常生活に関するアンケート調査」の集計結果（中間報告）』2008

前のように整備されている。

（3）獣害の悩みと獣害対策

　表1·5をもう少しみてみよう。買い物・病院関連ほどではないが、生活の上で困っていること（1位に選択）としては、「サル、イノシシなどの獣があらわれること」も大きい。獣（けもの）による被害を獣害という。ただし、動物からの被害で関心を集めているのは、基本的には、「人が襲われる」ではなく、農作物や樹木への被害のほうである。手塩に掛けて育てた農作物が一夜にして壊滅することもある。

　獣害対策の例を図1·3～図1·5に示す[15]。対策としては、電気柵の整備（図1·3）、わなの設置（図1·4）などが効果的といわれている。

図1・3　電気柵の一例

図1・4　箱罠（はこわな）の一例

図1・5　「くくりわな」につかまったシカ

（4）年齢層にも注意

　生活上の困りごとは年齢層によっても異なる。表1・5の出典資料[*16]の記述から次の2点を紹介しておきたい。①世帯主が高齢になるほど、「近くで食料や日用品を買えないこと」「近くに病院がないこと」「サル、イノシシなどの獣があらわれること」を最も困っていることとして多く挙げている。②世帯主が30〜64歳の世帯では、他の世帯と比べて「近くに働き口がないこと」を挙げる者が多い。

（5）草刈り・雪対策の苦労（悩み）

　表1・5から確認することはできないが、筆者は、草刈りの苦労、「雪かき」といった雪対策の苦労も非常に大きいと考えている[*17]。

　草刈りについて少し補足する。図1・6は、機械を使用した草刈りの様子の一例である。農村における草刈りの大変さは「庭の草むしりレベル」とは全く異なる。では、草刈りをやめるとどうなのか。雑草や雑木の生命力は非常に強力である。そのため、山間地域にかぎらず、草刈りをやめると、その土地は少しずつ雑草や雑木に覆われる。「森林というものは人間が苗木を植えてはじめてできるもの」というイメージがあるかもしれないが、それは都市住民的な誤解である。図1・7は、草が伸び放題となり、通行困難になった道路の好例である。なお、日本の気候の場合、高い山を除くと、どのような場所でも森林が成立しうる[*18]。そのほか、細かいことであるが、時間の経過に伴って植物群落が変化することを「遷移」、場所と一体的にみた植物の集まりを「植生」という。

図1・6 機械を使用した草刈り (協力:藤田薫二氏)

図1・7 雑草により通行困難となっている道路
(踏切の向こうに注目)

３ 農家の家計と農林業の経営：農業所得はわずか

(1) 山間地域の農家は貧しいのか

平地と比較して特段貧しいとはいえない

　次は、「お金」という切り口からみてみよう。まずは、「山間地域の農家は貧しいのか」という問いを設定し、それに答えたい。なお、農村であっても全世帯が農家というわけではない。つまり、以下の記述は、農村の全世帯を対象としたものではないことに注意してほしい。なお、農業所得関連の統計は年による変化も小さくない。本項の (1) および (2) の記述については、一つの目安、おおよその傾向と考えてほしい。

　表1・6は、「農業生産物の販売を目的とする世帯による農業経営を行う農業経営体 (法人格を有する経営体を含む)」を対象とした所得に関する調査の結果

表1・6　1経営体 (≒「農家」1世帯) 当たりの年間所得の平均
調査期間：平成30 (2018) 年1月〜12月　　　　　　　　　　　[千円]

	都市的地域	平地農業地域	中間農業地域	山間農業地域
農業所得	1,517	2,219	1,515	1,009
農業生産関連事業所得	6	10	5	1
農外所得	2,574	1,209	1,261	1,492
年金等の収入	1,768	1,768	1,851	2,106
総所得	5,865	5,206	4,632	4,608

備考：旧市区町村単位の農業地域類型
調査対象：農業生産物の販売を目的とする世帯による農業経営を行う農業経営体 (法人格を有する経営体を含む)。
出典：農林水産省『平成30年経営形態別経営統計 (個別経営)』

	都市的地域	平地農業地域	中間農業地域	山間農業地域
農業所得	1,473	2,339	1,633	1,107
農業生産関連事業所得	7	8	10	7
農外所得	2,372	1,129	1,213	1,596
年金等の収入	1,895	1,798	1,944	2,227
総所得	5,746	5,274	4,800	4,938

出典：農林水産省『平成 30 年経営形態別経営統計（個別経営）』『平成 29 年経営形態別経営統計（個別経営）』『平成 28 年経営形態別経営統計（個別経営）』より算出

である。2018 年のデータであり、少し古くなったが、世帯所得の全容がよく分かるデータとしてこれが最新である。さらに、表 1・7 は、2016 〜 2018 年の 3 年間の平均を求めたものである。おおまかにいえば、いわゆる農家を対象とした調査であるが、表 1・7 によると、山間農業地域の 1 経営体（≒農家 1 世帯）当たりの年間総所得（平均）は、約 494 万円、平地農業地域の約 94％であり、特段貧しいとはいえない。

山間農業地域の農家の主産業は年金等の収入

次は、表 1・7 の山間農業地域を縦方向に見てみよう。そのように見ると、「農業所得」は「総所得」の 2 割程度であり、「年金等の収入」が最も多いことが分かる。やや意地のわるい言い方になるが、山間農業地域の農家にとって農業は「副業」ということになる。さらにいうと、「主産業は年金等の収入」ということになってしまう。

中山間地域等直接支払制度

山間地域の所得の関連事項として「中山間地域等直接支払制度」について紹介しておく。これは「農業生産条件の不利な中山間地域等において、集落等を単位に、農用地を維持・管理していくための取決め（協定）を締結し、それにしたがって農業生産活動等を行う場合に、面積に応じて一定額を交付する仕組み」であり、例えば、急傾斜（1 ／ 20 以上）の田の交付単価は、21,000 円／ 10a となっている[19]。

（2）農林業の経済

どの程度の面積でどの程度の農業所得を得ることができるか

参考のため、「どの程度の面積でどの程度の農業所得を得ることができるか」

表 1・8　水田作経営の年間所得と経営耕地面積
（全国・1 経営体当たりの平均・水田作作付延べ面積規模別）

区分	総所得 [千円]		経営耕地面積計 [a]	
		うち農業所得		うち田
0.5ha 未満	4,105	△ 125	73.9	54.2
0.5 〜 1.0	4,318	△ 69	113.2	98.7
1.0 〜 2.0	3,846	405	199.3	173.6
2.0 〜 3.0	4,152	1,053	321.1	291.0
3.0 〜 5.0	4,677	1,709	472.8	438.6
5.0 〜 7.0	5,372	2,974	770.8	732.3
7.0 〜 10.0	5,733	3,744	1,046.1	969.6
10.0 〜 15.0	7,630	5,311	1,387.0	1,275.5
15.0 〜 20.0	8,838	7,807	1,771.3	1,700.1
20.0 〜 30.0	13,267	11,166	2,558.5	2,460.2
30.0ha 以上	18,214	15,797	4,523.2	4,358.1

・「△」：負数
・調査対象：農業生産物の販売を目的とし、世帯による農業経営を行う農業経営体
　（法人格を有する経営体を含む）。
・水田作経営：稲、麦類、雑穀、いも類、豆類、工芸農作物の販売収入のうち、水田
　で作付けした農業生産物の販売収入が他の営農類型の農業生産物販売収入と比べ
　て最も多い経営。
・経営耕地（面積）：農業経営に使用する目的で準備された耕作用の土地（面積）。
出典：農林水産省『平成 30 年営農類型別経営統計（個別経営、第 1 分冊、水田作・
畑作経営編）』

という問いを設定し、答えておきたい。一口に農業といっても多種多様な形が
あるが、ここでは水田作経営（水田作中心の経営）と野菜作経営（野菜作中心
の経営）に触れておく。

　すでに何度か登場しているが、「耕地」については、農地や田畑とほぼ同義と
考えてよい。ただし、単に「耕地」という場合は、牧草地や樹園地も含まれて
いることに注意が必要である。本書では原則として「耕地」で統一するが、出
典資料の都合で「農地」という用語を使うこともある。

水田作経営の場合

　表 1・8 は、水田作経営 1 経営体（≒農家 1 世帯）当たりの年間所得と経営耕
地面積の平均を示したものである（全国）。なお、水田作経営というと「水田だ
け」の経営という印象を受けるかもしれないが、「いわゆる畑は使用しない」と
いうことではない。用語の詳細な定義については表 1・8 の補足欄に示した。そ
の表の「区分」の面積（水田作作付延べ面積規模）は、文字どおり経営体を区

分するためのものであり、面積として注目すべき数字は、そちらではなく、経営耕地面積のほうである。

例えば、表1・8の上から3番目の区分を見てみよう。経営耕地面積計199.3aといえば、「小学校のプール（3a／個と仮定）」約66個分の面積であり、都市的な感覚でいえば、「広い土地」といってよいと思われるが、年間の農業所得は約41万円にすぎない。都市住民の夢を打ち砕くことになるかもしれないが、水田作経営をみるかぎり、「水と土だけ」で生活することは容易ではない（水と土だけでは現代的な農業も不可であるが）。

水田作の社会的な効果

少し話がそれるが、稲作には社会的な効果もある。福岡県京都郡みやこ町に移住し、集落づくりに取り組む内田直志氏（前みやこ町議員[20]）は、稲作に取り組むことで、「（外からの移住者である自分が）集落に溶け込み、集落の仲間として認めてもらいやすくなった」という（2022年、筆者聞き取り）。

野菜作経営の場合

表1・9は、野菜作経営（詳細な定義は表中の補足欄）の場合である。ここでも注目すべきは、「区分」の面積（野菜作作付延べ面積規模）ではなく、経営耕地面積のほうである。なお、普通畑というのは、穀類、野菜類などを栽培する

表1・9　野菜作経営の年間所得と経営耕地面積
（全国・1経営体当たりの平均・野菜作作付延べ面積規模別）

区分	総所得［千円］		経営耕地面積計［a］	
		うち農業所得		うち普通畑
0.5ha 未満	5,030	1,918	137.2	32.8
0.5 ～ 1.0	6,459	3,183	202.2	64.9
1.0 ～ 2.0	7,284	5,099	262.1	109.7
2.0 ～ 3.0	9,107	6,799	316.8	199.6
3.0 ～ 5.0	11,904	10,282	728.1	357.0
5.0 ～ 7.0	13,796	11,369	654.7	400.1
7.0 ～ 10.0	13,931	11,638	1,592.4	1,300.5
10.0ha 以上	21,629	20,055	1,791.3	1,504.7

・調査対象：表1・8と同様。
・野菜作経営：野菜の販売収入が他の営農類型の農業生産物販売収入と比べて最も多い経営。
出典：農林水産省『平成30年営農類型別経営統計（個別経営、第2分冊、野菜作・果樹作・花き作経営編）』

「いわゆる畑」のことである。

　農業所得の目標を 500 万円以上とした場合、野菜作経営では、最低でも 262.1a の土地（経営耕地面積）が必要となる（表 1・9 の上から 3 番目の区分）。一方、水田作経営の場合、農業所得 500 万円以上を目標とするなら、最低でも 1,387a（表 1・8 の上から 8 番目の区分）という広い土地が必要となる。

（3）山の仕事の減少

　時代によって異なるが、山間地域が衰退した根本的な原因については「山の仕事」が少なくなったことが大きい。そのなかでも重要なところは次の 2 点である。ある程度以上の年齢層にとっては常識かもしれないが、第 1 は、家庭用の燃料が薪炭（たきぎや木炭のこと）から化石燃料に変化したことである。薪炭の供給は山間地域の貴重な仕事であったが、大きく減少してしまった。第 2 は、近年上昇傾向となっているが、スギやヒノキなどの木材の価格が最盛期から劇的に低下し（図 1・8）、用材生産を中心とした林業が仕事として成り立ちにくくなったことである。

（4）林業と「カーボン・オフセット」

　やや専門的な話になるが、二酸化炭素の吸収に貢献する「林業」と、二酸化炭素を「排出する側」を結びつけるものとして、「カーボン・オフセット」というものもある。一口でいえば、「林業が生み出した（二酸化炭素の）排出権を購入し、その分、購入側の二酸化炭素の排出をなかったことにする（相殺する）」と

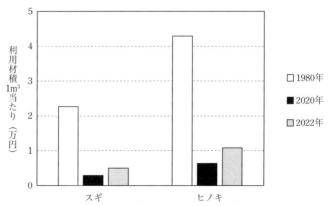

図 1・8　全国平均山元立木価格（立木状態での樹木の価格、利用材積 1m³ 当たり）
（出典：日本不動産研究所『山林素地及び山元立木価格調―2022 年 3 月末現在』2022 より作成）

いうものであり、この場合、林業はお金をもらう側となる。ただし、すぐれた取り組みではあるが、筆者が知るかぎり、林業の世界を大きく変化させるようなものにはなっていない。なお、カーボン・オフセットについては、『撤退の農村計画』のなかで、大平裕氏が分かりやすく解説しているので*21、興味のある方はそちらを参照してほしい。

（5）木質バイオマスの利用

木質バイオマス発電の可能性

　山関連の話をもう少しだけ続けたい。未利用の木などを「木質バイオマス」という。最近は、森林に眠る未利用の木が、木質バイオマス発電用の燃料として注目を集めている。ただし、昔ながらの薪炭の生産とは全く文脈が異なり、筆者がみたかぎり、活性化への影響は限定的なものにとどまっているようである。なお、発電だけでなく、熱そのものの利用（例：温水の供給）も進めば、一帯の住民に対し、光熱費の削減といったメリットがもたらされることになる。

木質バイオマスの燃料としての利用と二酸化炭素の排出削減

　木質バイオマスの燃料としての利用については、「二酸化炭素の排出削減につながる」ともいわれている。ただし、「単に燃やせばよい」ということではない。樹木は大気中の二酸化炭素を吸収しながら生長するが、燃やすと同量の二酸化炭素が排出される。つまり、長期的にみれば、燃料としての樹木の使用は、大気中の二酸化炭素を増やしも減らしもしない。化石燃料の使用を減らし、その分を木質バイオマスで補うという形になってはじめて二酸化炭素の排出削減につながることを強調しておきたい。繰り返しになるが、「単に燃やせばよい」ということではない。

4　無住集落の現状：個々の定義と誇張された危機

（1）本書における「無住集落」とは

　「無住集落」は、後述の第2章や第3章で非常に重要となるキーワードであるため、あいまいなことばで逃げず、定義を明確にしておきたい。本書では、国勢調査の常住人口がゼロの集落を「無住集落」（単に集落の「状態」を指す場合は「無住」）、常住人口が1以上の集落については、「現住集落」（同「現住」）と呼ぶ。また、現住集落から無住集落に変化することを「無住化」と呼ぶ。

国勢調査の「常住人口」とは

　国勢調査の「常住人口」は、調査年の 10 月 1 日午前零時に常住している場所でカウントされる人口であるが、「常住している」の意味は「当該住居に 3 か月以上にわたって住んでいるか、又は住むことになっていること」であり、「3 か月以上にわたって住んでいる住居又は住むことになっている住居のない者は、調査時にいた場所に『常住している』とみなしています」となっている[22]。ふだん寝泊まりする住居が 2 か所ある場合は、「ふだん寝泊まりする日数」の多いほうでカウントされる[23]。以上から、無住集落（国勢調査の常住人口ゼロ）といっても、「寝泊まりが全く見られない集落」とはかぎらない（図 1・9）。

（2）無住集落の類語

消滅集落・無居住化集落・廃村

　細かいことであるが、無住集落と似たような用語として、「消滅集落」「無居住化集落」「廃村」といったものもある。それらについても少しだけ紹介しておきたい。

消滅集落・無居住化集落（総務省）

　総務省の報告書における「消滅集落」（＝無居住化集落）の定義は次のとおりである。少し長くなるが、直接引用という形で紹介しておきたい。

　　本調査で「消滅集落」とは、当該集落内が実態として無人化し、通年での居住者が存在せず、市町村行政においても、通常の行政サービスの提供を

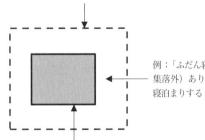

無住集落（点線内）：常住人口ゼロの集落

例：「ふだん寝泊まりする住居が 2 か所（集落内・集落外）あり、集落外の住居のほうが『ふだん寝泊まりする日数』が多い人」だけの集落。

寝泊まりが全く見られない集落（灰色）

図 1・9　無住集落と「寝泊まりが全く見られない集落」の関係

行う区域として取り扱わなくなった集落を指す。なお、一部の集落では、財産管理上、住所は残しているケースもあるが、実態として当該集落内に生活の拠点を持っている住民がいない場合は、「消滅集落」とみなすものとする（後略）。[24]

　消滅集落・無居住化集落の定義はかなり細かい。また、消滅集落・無居住化集落を特定するには、通常の行政サービスの提供を行う区域かどうかを明らかにする必要があるため、単なる人口関連のデータだけでなく、地元の行政の協力も不可欠となる。

廃村（浅原昭生氏の定義）

　ここでは、『日本廃村百選』の筆者であり、廃村の探索で有名な浅原昭生氏による廃村の定義も紹介しておきたい。注目すべきは、「明確な境界線は引けない」という点である。

　「廃村」は「人が住まなくなった集落」（無住集落、無居住化集落）のことをいい、明確な境界線は引けないため、冬季無住集落、1戸が残る集落などを含んでいる。[25]

個々の定義に注意

　学問として見た場合、「無住集落」関連の用語の定義は、統一されていないとみるべきであろう。「無住化集落」という表現を使用している本間智希氏らは、次のように述べている。

　（前略）廃村は一般的であいまいな概念であり、何をもって廃村と呼ぶのかについては議論が分かれる。一方で消滅集落と無住化集落は住民が0の集落のことであり定義が分かりやすい。しかし消滅集落の概念については、より厳しい基準を設けて、建物が存在する場合は消滅と見なさないという見方もある。[26]

　これだけでも、「無住集落」関連の用語の定義が安定していないことが十分に

伝わったのではないか。「唯一の正解」というものは存在しないと考えるべきであろう。本書以外も含め、資料などを読むときは、<u>用語の定義をまずおさえることが肝要</u>である。

（3）誇張された危機

　ところで、日本の科学者の「代表機関」ともいうべき日本学術会議は、農地（耕地）の荒廃について次のように主張している。

> 農地が一旦荒廃し、生産機能のみならず防災や景観形成機能などが失われた場合、これを復元するのは容易なことではなく、いわんや廃村後の土地荒廃は、「自然への回帰」などとはほど遠い現実がある。[*27]

　ここでの「廃村」の定義が明確ではないため、厳密な議論はできないが、消滅集落・無居住化集落・無住集落といった意味であると仮定すると、「いわんや」以降の後半部分については誇張といわざるをえない。筆者は、多数の「廃村」を見てきたが、「『自然への回帰』などとはほど遠い現実」というものを見たことがない。生物関連の専門家が描く「理想の植生」とは異なるかもしれないが、「廃村」であろうがなかろうが、放棄された土地は、「緑」に覆われるだけである（図1・10）。詳しくは第2章で述べる。

　なお、農村では、耕地やその周囲が雑草や雑木で覆われた状態を「荒れた」「荒廃した」と表現することが多い。
「荒廃」といったことばから、「何か恐ろしいことがおこっているのでは」と心配している方がいるかもしれないが、自然破壊に匹敵するような「破壊的な変化」が見られることはまずない。

（4）耕作放棄地・荒廃農地

　関連する用語として「耕作放棄地」

図1・10　緑に覆われた水田（跡）：石川県加賀市の無住集落にて

についても少し説明しておきたい。ある程度気をつけていれば、ニュースなど
でも時々見かける用語であるが、耕作放棄地には次のような細かい定義がある
ことに注意が必要である。

　　農林水産省の統計調査における区分であり、農林業センサスにおいては、
　　以前耕地であったもので、過去1年以上作物を栽培せず、しかもこの数年
　　の間に再び耕作する意思のない土地をいう（後略）。*28

　なお、現時点で耕作放棄地ほど有名ではないと思われるが、「荒廃農地」とい
う用語もある。定義は次のとおりである。

　　現に耕作に供されておらず、耕作の放棄により荒廃し、通常の農作業では
　　作物の栽培が客観的に不可能となっている農地。*29

　荒廃農地の定義は、耕作放棄地のそれよりもシンプルである。今後は、荒廃
農地のほうが主流になると筆者は考えているが、今の段階では、二つともおさ
えておくことを推奨したい。

5　この先の全体的な潮流：「ゆるやかに厳しく」が基本

(1) ゆるやかに増加する無住集落

　本書では、10年以上先の未来については「分からない」と考えているが、議
論を進める上では、おおまかであっても、この先の全体的な潮流を共有してお
いたほうがよいであろう。「何年」という数字にこだわることはできないが、集
落づくり論としては比較的長い時間スケールで、この先の全体的な潮流を少し
だけ描写しておきたい。

　無住集落については、今後しばらく増加すると考えたほうが無難である。た
だし、増加したとしても、その勢いはゆるやかなものにとどまると思われる。
例えば、表1・10（総務省資料）によると、「山間地」であっても、「10年以内
に消滅（筆者補足：無人化）の可能性あり」と予想された集落は371集落（「山
間地」19,932集落の1.9%）にすぎず、「存続」が15,929集落（同79.9%）にの

[集落]

	10 年以内に消滅の可能性あり	いずれ消滅の可能性あり	存続	無回答	計
山間地	371	1,902	15,929	1,730	19,932
中間地	58	551	16,429	1,701	18,739
平地	22	234	17,841	1,581	19,678
都市的地域	1	40	3,828	555	4,424

・消滅：無人化。
・集落：一定の土地に数戸以上の社会的まとまりが形成された、住民生活の基本的な地域単位であり、市町村行政において扱う行政区の基本単位（農業センサスにおける農業集落とは異なる）。
・山間地：山間農業地域、林野率が 80％以上の集落。
出典：総務省地域力創造グループ過疎対策室『過疎地域等における集落の状況に関する現状把握調査報告書（令和 2 年 3 月）』2020)

ぼる（割合については筆者が計算）。安易な楽観論に流れてしまっては困るが、「無人化するか」というレベルでみるなら、「じっくり議論する時間すらない」という集落は少数派と思われる。

（2）支援の少ない厳しい過疎へ

国全体の人口の減少

　ここでは、安易な楽観論を否定する理由として「日本全体の人口減少の影響」をあげておきたい。国立社会保障・人口問題研究所[*30] によると、日本の 2015 年の人口は 1 億 2710 万人であるが、2095 年は 6313 万人という（出生中位・死亡中位）。つまり、2095 年の人口は、2015 年の 49.7％ということになる。筆者には（2023 年 4 月 1 日時点で）9 歳と 12 歳の子どもがいるが、2 人とも人口が半分になった日本の姿を「自分の目」で目撃する可能性が高い。

地方への影響

　では、日本全体の人口の減少が、山間地域の小集落、広くは「地方」にどのような影響をおよぼすというのか。2001 年、額賀信氏は、書籍『「過疎列島」の孤独』のなかで、国全体の人口減少の影響をシンプルにまとめている。少し長くなるが、重要な指摘であるため、そのまま引用したい。

　　これまでの過疎地でも地域振興の苦労がなかったわけではないが、全国の人口は増え続けていたから、そういう全体的な増加の中の地域的、部分的な過疎にとどまっていた。国にゆとりがあった分だけ、地域のために直

接・間接の手厚い支援もなされてきた。しかしこれからの人口減少社会では、全国的に人口が減ってくる。全国的に人口が減ってくると、一国の経済成長がむずかしい。国からの支援も大幅に減って、地域振興が格段にむずかしくなる。[*31]

　要するに、日本の過疎地は「恵まれた過疎」から「支援の少ない厳しい過疎」に突入するということである。絶望をあおるつもりはないが、安易な楽観論からは一定の距離を置くべきであろう。なお、額賀氏が指摘した問題は「ない袖は振れぬ」という単純なものであり、「地方の農村の価値は無限大」と叫び続けても状況が好転することはない。

小地域の将来推計人口で一喜一憂しない

　関連事項として将来推計人口について少しだけ言及しておく。多少の「味付け」があるとしても、人口推計には、原則として、「最近の傾向が続く」という大きな仮定がある。ごく近い将来はさておき、数十年先に対して「最近の傾向が続く」と仮定することには、かなり無理があるといわざるをえない。さらに、市区町村単位以下の小地域レベルの人口推計には「転出や転入の推計が極めて難しい」といった大きな壁もある。一つの目安にはなるが、「小地域レベル」の数十年スケールの人口推計は大きく外れる可能性があることを強調しておきたい。その種の将来推計人口をみて、「自分のところは大丈夫（対策を考える必要はない）」「絶望的な状況」と一喜一憂することは避けるべきであろう。

1・3

農林業保全や財政再建に関する固定観念を打ち破る

　1・1・4でも少し触れたが、「撤退して再興する集落づくり」を議論するためには、「山間地域の農林業をやめると洪水や渇水が多発するようになる（現状維持以外許されない）」「食料の輸入がストップすると悲惨なことになるから、耕地の減少は一切容認できない」といった固定観念などを一度打ち破り、山間地域

の農林業の限定的な放棄や簡素化を容認することが求められる。ただし、筆者の狙いは、国内の農林業を全否定することではない。筆者が否定したいものは、未来に関する選択肢をわざわざ狭めるような「固定観念」だけである。

さらに、本節では、その真逆、「都市を守るために、財政的にムダの多い山間地域一帯の行政サービスを一気に削減すべき」「強制移住が必要」といった考え方にも批判を加える。

1　日本の標準的な林業とは：「苗木を植えたら終わり」ではない

（1）「苗木を植えてそのまま待つだけ」は都市住民的な誤解

本題に入る前に、日本の標準的な林業について説明しておきたい。都市住民であっても、「農業をイメージすることが難しい」という人はいないであろう。ただし、林業となると少々難しい。林業というと、「苗木を植えてそのまま待つだけ」というイメージがあるかもしれないが、それは都市住民的な誤解である。

（2）標準的な林業の主な作業

大きくは5つの段階

標準的な林業の主な作業は、大きく5つの段階、「段階①：山の木々を除去し片づける」「段階②：スギやヒノキなどの苗木を植える」「段階③：勝手に生えてくる雑草や雑木を除去する」「段階④：スギやヒノキなどを部分的に伐採し、立ち木の密度を下げる」「段階⑤：スギやヒノキをすべて伐採する」に分けることができる。一連の作業は、膨大な労力、機械、化石燃料を必要とするものであり、「自然の力を最大限いかした何か」という感じではない。

安全で平らな場所での植樹祭とは全く異なる「植栽」

白黒ではわかりにくいかもしれないが、図1・11は苗木を植えてからあまり時間が経過していない人工林の一例である。苗木の樹種としては、スギやヒノキが多く、そのほかでは、アカマツ、カラマツ、トドマツなど

図1・11　植林からあまり時間が経過していない人工林

が有名である。

　林業の世界では苗木を植えることを「植栽」という。傾斜地への植栽は決して楽な仕事ではない。安全で平らな場所での植樹祭とは全く異なることを強調しておきたい。なお、細かいことになるが、苗木（針葉樹）の密度は 1ha 当たり 3,000 本が標準といわれている[*32]。

　都市的な感覚では、スギもヒノキも同じかもしれないが、後述の土地保全上、大きく性格が異なるため、できるだけ区別することを推奨したい。現地で判断する場合は、葉の先をみるのが一番分かりやすい。葉の先が「とがっている」場合がスギ（図 1・12）、「とがっていない」場合がヒノキ（図 1・13）である。

苗木を守るための「下刈り・つる切り・除伐」

　段階③は、苗木が雑草や雑木に負けないようにするための作業であり、細かくみれば、「下刈り」「つる切り」「除伐」に分けることができる。下刈りはいわゆる草刈り、つる切りはその名のとおり「つる植物」の除去、除伐は主として雑木の伐採である。

問題になることが多い「間伐と皆伐」

　段階④は「間伐」、最後の段階⑤は「皆伐」と呼ばれている。なお、間伐については「間伐不足」（後述）、皆伐については「表土の荒廃」が問題になることがある。

図 1・12　スギの葉先

図 1・13　ヒノキの葉先

2　山間地域の農林業をやめると洪水や渇水が多発するようになるのか

(1) キーワードは「耕地や森林の生産外機能」

　本項の目的は、「山間地域の農林業をやめると洪水や渇水が多発するようになる」といった誤解を解くことである。耕地や森林には、食料や木材の生産面以外にも、「下流の洪水を防ぐ」「水資源を増やす」「浸食を防ぐ」といった多種多様な機能があるといわれている。例えば、水田は一時的に雨水を貯留することで下流の洪水を防いでいると考えることができる。本書では、そのような生産面以外の機能を「生産外機能」と呼ぶこととする。生産外機能は、農政や林政の分野でよく聞かれる「多面的（な）機能」とおおよそ一致する。

　それらに関連するものとして「生態系サービス」という用語もある。一口でいえば、生産面かどうかを区別せず、生態系からの恵みをひとまとめにした概念であるが[33]、環境省関連はさておき、農政や林政の現場で使用されることはあまりない。

　以前と比べると少なくなったが、農林業の世界では、「山間地域の農林業をやめると洪水や渇水が多発するようになる（現状維持以外は許されない）」といった固定観念がみられることがある。そして、その種の原動力、よりどころの一つが前述の「生産外機能」「多面的（な）機能」である。

　「生産外機能があるのか、ないのか」と聞かれた場合、筆者は「ある」と答えるだけである。問題は、「あるかないか」ではなく、それらの評価が概して過大となっていることである。

(2) 生産外機能は万能ではない

放置された耕地や人工林はどうなるか

　日本の気候の場合、耕地を放置しても長期的にみれば雑草や雑木に覆われるだけである。人工林についても、樹種が変化する可能性はあるが、単純に林業をやめた結果として禿げ山が出現するようなことは考えにくい。トドマツの場合であるが、人工林を放置した結果、植栽前の針広混交林に戻ったという報告もある[34]。

　なお、「先人が苦労して禿げ山を森に変えた」という話もあるが、それは「『先人の過度の伐採で失われた植生』を先人が修復した」ということであり、現時

点で林業が消えると目の前の森林も消えるといったことではない。

山間地域の農林業をやめても洪水や渇水の危険はほとんど変わらない

生産外機能のうち、最も関心を集めていると思われる「治水関連」に注目してみよう。「農業をやめて耕地一面をコンクリートでびっしりと覆う」「粗雑に皆伐して林業をやめる（そのまま放置）」といった極端な場合はさておき、山間地域の農林業をやめたことが主因となって洪水や渇水の危険が大きく上昇するようなことは考えにくい。例えば、毎年、膨大な耕地が放棄され、雑草雑木に覆われつつあるが、筆者はそれが主因となって洪水や渇水、それらに匹敵するような恐ろしいことが多発するようになったという「説得力のある報告」を見たことがない。人工林の場合も似たようなものである。ただし、あとで説明するが、「全く変化がない」ということでもない。なお、平野部のまとまった水田については、治水的な役割（雨水の一時的な貯留）が小さくないことも付け加えておきたい（そもそも雨水の排水が難しいという側面もあるが）。

ここで大切なことは、「治水の力」について、「自然がもともと持っている分」と「農林業により高められた分」を区別することである。両者を区別せず、農林業がすべて支えているかのように主張すること、いわば「神格化」するようなことは禁物である。

前述のとおり、耕地や森林の生産外機能が存在することについては筆者も賛同している。ただし、治水関連以外も含め、「山間地域の農林業をやめると何か恐ろしいことが起こるのか」となると、「一般論として」という断りが入るが、答えは「ノー」である。そこまでの甚大な影響は考えにくい。

科学的な作法に基づくていねいな議論が必要

耕地や人工林の管理不全の悪影響を示すなら、管理されている場所との比較が大切である。例えば、間伐不足が洪水を引き起こすというなら、間伐の有無以外の条件が等しい2地点を選び、間伐された人工林の下流では洪水がなく（少なく）、間伐不足のところは洪水が多いことを示す必要がある。洪水が発生したところの上流の山林が（たまたま）間伐不足の人工林であっただけでは、間伐不足の悪影響を示したことにはならない。一定のトレーニングを受けた研究者であれば、そのようなミスは考えにくいが、新聞やテレビであれば十分にありうる。そのほか、極めて条件のわるい場所（例：シカが多い急傾斜のヒノ

キ林）のデータだけを集め、それが全体に当てはまると思わせるような記述で危機をあおることも禁物である。

　耕地と宅地を比較して、治水上の農業の貢献を示す場合にも細心の注意が必要である。耕地の宅地化には、「農業をやめる」「土地をコンクリートなどで覆って宅地化する」の二つの段階がある。耕地と宅地の治水上の特性をそのまま比較しても、農業をやめたことの影響をみたことにはならない（宅地化の影響が混ざっている）。

　なお、破壊的な被害をもたらす「山の深層崩壊」（山が深いところから崩れる）は、森林の状態にかかわりなく発生するといわれている*35。深層崩壊の写真を示した上で、「山林の管理が必要である」などと主張することも禁物である（少なくとも慎重になるべき）。

（3）表土流亡の問題には対策が必要

管理不全のヒノキ人工林で心配されることが多い「表土流亡の問題」

　ほとんどの場合、山間地域の農林業をやめても恐ろしいことは起こらない。ただし、前述のとおり、「全く変化がない」ということでもない。さらに、山間地域の農林業をやめたことによる変化のなかには、恐ろしいことにつながる可能性のあるものも一定数存在する。筆者の狙いは、個別の対策まで否定することではない。ここで各論に深入りすることは避けたいが、対策が必要な例を2点だけあげておきたい。

　第1は、管理不全のヒノキ人工林で心配されることが多い「表土流亡の問題」である。「表土」は「有機物を多く含む土壌」であり、「流亡」は「水による侵食で流されてしまうこと」という意味である。それについては、「間伐を怠る→林内が暗くなる→表土を雨水の浸食から守っている地表付近の雑草雑木が消滅→表土が流亡しやすくなる」といった説明が一般的であろう。ただし、雨水による表土の流亡（侵食）については、降雨の状況、地形などの影響もあり、地表付近の草木の状況だけで決まるものではない。また、管理された人工林であれ、天然林であれ、表土は少しずつ流亡していると考えてよい。つまり、表土流亡は「程度の問題」であり、「ある・なし」で考えるものではない、ということになる。

　参考のため、表土流亡に関連する数字を紹介しておく。成林している場合、

天然林も人工林（地表付近の草木のないヒノキ人工林を除く）も、植被係数（裸地を1としたときの侵食量）は0.01程度であるが、地表付近の草木のないヒノキ人工林の植被係数は、あくまで一例であるが、0.036であるという[36]。

「十把ひとからげ」はNG

　では、わたしたちは何をすべきか。はじめに行うべきは、間伐不足が主因となって表土流亡の「問題」が発生する（発生している）と考えられる人工林を特定することである。その上で優先順位を考えながら、対策を進める必要がある。十把ひとからげに、「間伐不足→大問題→要対策」と決めつけ、林業関連の補助金を正当化するような流れからは、一定の距離を置きたいところである。

針広混交林という選択肢

　次は対策の内容である。最も単純な対策は、従来型の間伐を実施することであるが、それが難しい場合を考えてみよう。筆者としては、「表土保全に有利な針広混交林（針葉樹と広葉樹が混ざった森林）に誘導する」という選択肢を推奨したい。なお、樹種までは分からないが、図1・14は、針広混交林の遠景の一例である。

　『撤退の農村計画』でも、福澤加里部氏が、条件のわるい人工林について、林床植生が繁茂する森林あるいは針広混交林へと誘導していくという選択肢があってもよいであろうと指摘している[37]。ここではもう一つ、合自然的林業（森林生態系を尊重する林業）を提唱する赤井龍男氏の指摘も紹介しておきたい。赤井氏は、ヒノキの人工林の荒廃に触れた上で、「除間伐をやらないか、できないなら、初めからマツや広葉樹との混交林（筆者補足：複数の樹種からなる森林）に育てるよう配慮すべきであろう」と述べている[38]。

獣害にも注意が必要

　表土流亡には、「狩猟の減少→シカなどの増加→植生の破壊→表土の流亡」というパターンもありうる。それについても個別の対策が必要な場合があることを付け加えておきたい。

図1・14　針広混交林の遠景

土砂流亡を容認するという考え方

　表土関連で新しい視点を一つ提示しておきたい。いささか奇妙に聞こえるかもしれないが、森林・砂防関連の専門家である太田猛彦氏は、書籍『森林飽和』のなかで、「(前略) 将来は山地・渓流から土砂を供給することが土砂管理の一部となろう」「山地保全の新しいコンセプトは、土砂災害のないように山崩れを起こさせ、流砂系に土砂を供給することとなるのだろうか。少なくともそのような劇的な発想の転換が、新しいステージで要求されていることは間違いない」と述べている[*35]。「途中にダムがある場合はどうなのか」といった議論も必要であるが、今後は、下流への土砂供給のため、人工林の土砂流亡を容認するという考え方も必要になるであろう。

(4) 生物の生息地変化に関する対策が必要な場合もある

生息地変化のメカニズム

　第2は生物の生息地変化に伴う「問題」である。水田、草地、ため池など、農村は多種多様な土地で構成されているが (図1・15)、それらの大部分は、人間による管理や働きかけによって維持されている「半人工的な自然」、専門用語でいえば、「二次的自然」である。

　そのため、例えば、草地の管理を放棄すれば、草地は消滅し (遷移が進み)、草地に生息する生き物も行き場を失うことになる。人間の手が入っていた雑木林については、管理不全により、落葉広葉樹が常緑広葉樹へと遷移し、カタクリ (図1・16) が減少しているといった話も有名である。

図1・15　多種多様な自然がモザイク状に存在する農村

図1・16　カタクリ

細かいことであるが、生物多様性に関する国の基本的な計画である『生物多様性国家戦略2012-2020』[39]では、生物多様性の危機を次の四つ、第1の危機(開発など人間活動による危機)、第2の危機（自然に対する働きかけの縮小による危機)、第3の危機（人間により持ち込まれたものによる危機）、第4の危機(地球環境の変化による危機)に分類している。前の段落で示したような生息地変化は「第2の危機」につながる可能性がある。

生息地保全にも「選択と集中」が必要

　単に言うだけなら、「すべて守るべき」と主張するのが一番楽である（誰からも文句が出ないため)。しかし、生息地を広く維持できるところは少ないと思われる。生物の生息地の変化（遷移）についても、「問題となるところ」「そうでないところ（変化を容認できるところ)」を区別することが肝要である。無論、「何かの生物が絶滅する可能性が高い」といったことであれば、一定の対策が必要であろう。なお、先ほどの『生物多様性国家戦略2012-2020』も、次のように述べている。

　　　里地里山についても、社会構造が変化し、人口減少が進む中ですべてを保全していくことはできないという視点に立って、各地域が自ら確保したいと考える場所を重点的に保全するなど、今後の保全管理のあり方を考えていく必要があります。[39]

　なお、二次的自然やそれに関連する「問題」については、『撤退の農村計画』のなかで、東淳樹氏が、多くの具体例とともに解説しているので[40]、興味のある方はそちらも参照してほしい。

対応策は多種多様

　生息地変化に伴う「問題」については、多種多様な対応策がある。例えば、『撤退の農村計画』のなかで、一ノ瀬友博氏は、中山間地域における「水田」の二次的自然に対する選択肢として、大きく4つ、①農業以外の方法による保全（公園やエコミュージアムとしての保全など)、②稲作を続ける（中山間地域等直接支払制度など)、③稲作以外の農業利用による保全（放牧など)、④（二次的自然の維持を断念せざるをえない場所では）一次自然へ移行させる（獣害対

策が重要）をあげている*41。④の「一次自然」は、「人間の影響を受けていない自然」といった意味で大丈夫であろう。ただし、二次的自然の保全という視点でみれば、④は「落第」となってしまう。

　少しそれるが、同氏は『農村イノベーション』*42という「撤退」関連の書籍を出している。「流域」（4・3・5で解説）や「イノベーション」に重きが置かれているなど、本書で何度も登場している『撤退の農村計画』とは少し切り口が異なるが、この先を考える上では、一ノ瀬氏の書籍も大いに参考になるであろう。そこで登場する江戸時代の土地利用の話なども興味深い。

3 生産外機能の貨幣評価の多くは過大

（1）生産外機能の貨幣評価は天文学的な金額

　話が少しそれるが、ここでは生産外機能の貨幣評価についてやや強めの批判を加えておきたい。「はじめに」で、「『敵』を作らない集落づくり論（を展開する）」と述べた以上、できるだけ強めの批判はしたくないが、非常に有名で避けて通るわけにもいかないので、少しだけ言及したい。

　日本全体を対象とした生産外機能の貨幣評価は、農業の洪水防止機能が年間約3兆5千億円（一部の低平地水田を除いた「水田および畑」の金額）、森林の表面侵食防止機能が年間約28兆3千億円など、天文学的ともいうべき金額となっている*43。そこまでくると、「問答無用、現状維持以外は許されない」「少しでも放棄しようものなら恐ろしいことが起こる」といわれているのと大差はない。

（2）貨幣評価のトリック

　しかし、生産外機能の貨幣評価の多くについては、農林業の貢献を大きく見せるための「トリック」があるとみてよい。一番わかりやすいものは、貨幣評価の基準を、非現実的な最悪の状態（それに近い状態）にするというパターンである。

　例えば、前述の「年間約3兆5千億円」（洪水防止機能）は、一帯をコンクリートでびっしり覆ったような治水上最悪の、非現実的な状態を基準としたものである。その数字を眺めただけでは農業をやめた場合（前述の「水田および畑」を放棄した場合）の影響は分からない。とはいえ、「農業をやめただけで年

間約 3 兆 5 千億円分の被害がある」と感じた方も少なくないであろう。筆者の感覚でいえば、一種のトリックといわざるをえない。

（3）農業をやめた影響をみるなら「自然の成り行き任せ」が基準

　農業をやめた場合の影響をみるということであれば、最悪の状態ではなく、自然の成り行きに任せた場合、雑草や雑木に覆われた状態（≒森林）を基準にする必要がある。そのような基準の見直しを行った場合、農業に関する生産外機能の貨幣評価の多くは劇的に低下することになるであろう。当然であるが、耕地より森林のほうがすぐれているとなれば、耕地（農業）の評価はマイナスになる。

　筆者は、既存の枠組みを発展させる形で農地の洪水防止機能を試算したことがあるが、仮定の一部を見直しただけで、年間 3 兆 5 千億円が年間 1 兆 1 千億円（最悪基準の評価）となり、さらに評価基準を、「最悪」ではなく、森林にしたところ、年間 373 億円まで低下した[*44]。

　年間 373 億円も決して小さくはないが、それは日本のすべての農地（一部の低平地水田は除く）を対象とした数字であり、「もともと小さい山間地域の農地の、さらに一部を放棄するだけ」ということであれば、大した金額にはならないであろう。なお、『令和 4 年防災白書』[*45] によると、2021 年度の防災関係予算は約 2 兆 8 千億円であった。国全体の防災についてはそのスケールで金額の大小を考えるべきである。「億」という単位が出てきたので「極めて大きい」と短絡的に考えないようにしてほしい。

（4）「特大の警鐘」は考え物

　「農林業には絶大な価値がある」と主張する側をやや厳しく批判したが、生産外機能について主張すべきことを主張しつづけることは、無論、大切である。ただし、人々の判断を恐怖で鈍らせるような「特大の警鐘」を延々鳴らし続けるようなことは考え物ではないか。消滅可能性都市や限界集落の問題を思い出してほしい。そのような警鐘が最終的によい結果をもたらすとは思えない。

4　食料不足の可能性や影響を考えてみる

（1）食料の輸入がストップする可能性は低い

　次は、「食料の輸入がストップすると悲惨なことになるから、耕地の減少は一

切容認できない」という意見について考えてみよう。それについては、『「食料自給率」の罠』の筆者、川島博之氏の論考が一つの答えとなっている。同氏は、食料を輸入できなくなる場合として、世界的食料危機、食料生産国での食料不足、政治的な理由による禁輸、日本の経済の疲弊、海上封鎖を取り上げ、それらの可能性を検討しているが、いずれについても「可能性は低い」「心配しすぎ」といった結論に至っている[*46]。同書は非常に興味深い本なので、一度お読みになることを推奨したい。一定の警戒や準備は必要であるが、食料が輸入できなくなる可能性は低いとみてよいであろう。

（2）食料の輸入がストップするとどうなるのか

では、万が一にも、食料の輸入がストップするとどうなるのか。まず思い浮かぶのは「食料自給率の低さ」であろう。一口に「食料自給率」という場合、「供給熱量ベースの総合食料自給率」を指すことが多い。2021 年度のそれは38％にすぎない[*47]。

しかし、戦争であれ、気候変動であれ、食料の輸入が難しくなるような極端な状況となれば、カロリーにならない野菜などは無視され、カロリーの多い「いも類」の栽培に全力を投入するはずである。そのような状況では、「食料自給率」ではなく、「食料自給力指標」（現実の作付けではなく、「特定の作物を全力で作ったら何カロリー供給できるか」を計算したもの）が参考になる。2020 年度の食料自給力指標によると、「いも類中心の作付け」の供給可能熱量は、1 人1 日当たり 2,500kcal であり、日本人の平均的な推定エネルギー必要量（1 人 1 日当たり 2,168kcal）を上回っている[*48]。実際に戦争となれば、「石油はどうなるのか」といった別次元の問題が出てくるわけであるが、食料自給力指標の計算上、食料の輸入がストップしたとしても、いも類の生産に全力を注ぎ、食料を平等に配布すれば、餓死者は出ないということになる。

（3）国産米が入手困難になる可能性：平時の場合

ぜいたくをいえば切りがないが、コメについていえば、国内の田だけで十分に確保できているのが現状である。次は、「平時であっても、田が減少すれば、国産米が入手困難になるのでは」という不安について考えてみよう。

表 1・11 は「全国の田の面積・作付面積」をまとめたものである。2020 年の「けい畔」（いわゆる畔）を除いた田の面積は 2,248 千 ha であるが、水陸稲の主食

表 1・11 全国の田の面積・作付面積

年次	①田（本地）面積 [千 ha]	②水陸稲 主食用作付面積 [千 ha]	「稼働率」概算 [％] （②／①）×100
2010	2,355	1,580	67.1
2015	2,310	1,406	60.9
2020	2,248	1,366	60.8

・本地：直接農作物の栽培に供される土地で、耕地から「けい畔」（いわゆる畦（あ
ぜ）のこと）を除いた土地。
・「稼働率」概算（％）の列のみ筆者の計算。計算式は表中参照。
出典：農林水産省『令和 4 年耕地及び作付面積統計』

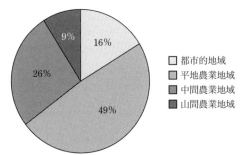

図 1・17 田の面積（農業経営体・経営耕地の状況）
農業経営体：経営耕地面積が 30a 以上の規模の農業を行う者など。
（出典：農林水産省『2015 年農林業センサス・農業地域類型別報告書』）

用作付面積は 1,366 千 ha、主食用作付面積からみた田の「稼働率」は 60.8％
（1,366 千／ 2,248 千）にすぎない。田については、現段階でもかなりの余裕が
あるといえる。

　当然であるが、国内の田が全滅すれば国産米の入手は不可能となる。しかし、
山間地域の小さな田が消えたとしても、近郊や平地などの田が健在であれば、
国産米が不足することはない。図 1・17 は、「農業経営体の田の面積（全国）」
の構成比（農業地域類型別）を示したものである。その値が田全体（農業経営
体かどうかを問わない場合）にも当てはまると仮定した場合、「山間農業地域の
田（9％）が全滅する」という非現実的なシナリオを想定しても、主食用コメ
の生産に必要な田が不足することは考えにくい。

　人工林についても量的にはかなりの余裕がある。前述のとおり、日本の人工
林の面積は 1020 万 ha である。一方、製材・合板用材自給率の目標を 100％に

しても、この先、必要になる面積は 333 万〜 500 万 ha といわれる[*49]。

5 容認すべきは農林業の「限定的な放棄や簡素化」

(1) 国内の農林業の役割は非常に大きい

　冒頭でも述べたが、本節の狙いは国内の農林業を全否定することではない。また、当事者が「自分の耕地や人工林を守りたい」と思うことは、ごく自然なことであり、それを否定するつもりも全くない。筆者が否定したいものは、未来に関する選択肢をわざわざ狭めるような「固定観念」だけである。食料や木材などの確保という点で国内の農林業の役割は非常に大きい。さらに、この先の発展の可能性も決して小さくないということを強調しておきたい。

(2) 総人口の減少にあわせたゆるやかな減少であれば容認可能

　ぜいたくをいえば切りがないが、「現在の総人口に対し、耕地や人工林は一応足りている」と考えた場合、「総人口が減少した分だけ、耕地や人工林の放棄を容認する」(総人口の減少率＝農林業の減少率)といったことであれば、食料や木材の確保についても大きな問題はないと筆者は考えるが、どうであろうか。例えば、「総人口が半分になるなら耕地や人工林も半分にしてよいのでは」ということである。「総人口半分でも耕地や人工林だけは断固現状維持」のほうがむしろ不自然というものではないか。

　「撤退して再興する集落づくり」に関する建設的な議論を展開するため、本書では、「国民一人当たりの耕地や人工林」が現状以上であり続けることを条件として、山間地域の農林業の限定的な放棄や簡素化を容認することとしたい。前述のとおり、「容認」というのは、「よくはないが、受け入れる」という非常にデリケートなことばである。そのことからも伝わることと思うが、筆者の主張は「政府の支援に頼るばかりの農林業をたたきつぶす」といった過激なものではない。

6 厳しい過疎地を切り捨てても財政的には「焼け石に水」

(1) 厳しい過疎地の切り捨ては極端

　次は、「都市を守るため、財政的にムダの多い山間地域一帯の行政サービスを一気に削減すべき」「強制移住が必要」といった考え方に批判を加える。前述の

とおり、筆者は、その種の<u>一方的で急進的な負担のしわ寄せには反対</u>している。倫理的にも許されないわけであるが、本項では、「仮にそれを実行したとしても、『焼け石に水』」ということを示しておきたい。

（2）財政への影響を試算する方法

ポイントは行政サービスを「属人」「属地」に分離すること

　以下、厳しい過疎地における行政サービスの削減が財政に与える影響の大きさについて考えるが、その際のポイントは、行政サービスを「人口で説明できる成分（属人的な行政サービス）」「インフラの規模で説明できる成分（属地的な行政サービス）」に分けて考えることである。

想定したシナリオ

　ここでは、生活に密着した行政サービスを提供する市町村の歳出に注目する。想定したシナリオは次のとおりである。①厳しい過疎地の全員が市街地周辺に引っ越す。ただし、市町村の境界をまたぐような引っ越しは生じない。②そのあと、厳しい過疎地の行政サービスが一気に削減される。

　つまり、「属人的な行政サービスは変化しない（一市町村全体でみれば人口は変化しないため）」「厳しい過疎地の属地的な行政サービスだけが削減される」と考えるわけである。念のため補足しておくが、「そのような削減が正しい」「今すぐ実施すべき」といった意味ではない。筆者の真意はその逆である。

歳出に関する仮定

　支出の一つ一つを細かく取り上げて計算することは非常に難しい。そこで、市町村別の歳出は次の式で表すことができると仮定した上で、歳出削減の概数を求めることを考えてみよう。

$$y = a_0 + a_1 \cdot x_1 + a_2 \cdot x_2$$

　y：市町村別の歳出、x_1：市町村別の道路実延長（属地的な行政サービスの規模を示す）、x_2：市町村別の人口（属人的な行政サービスの規模を示す）
　（a_0、a_1、a_2：重回帰分析が出力する定数）

　なお、上の式では、「道路（市町村道かどうかは区別しない）が長いほど属地的な行政サービスの規模も大きい（比例する）」「属人的な行政サービスの規模

は道路の実延長で表すことができる」と仮定している。なお、「実延長」については、単純に「道路の長さ」という意味でよい。

　細かい説明は割愛するが、重回帰分析という手法を使用すると、多数の市町村のデータから、a_0、a_1、a_2 を推計することができる。それらが代入された式から、あくまで概数であるが、x_1 や x_2 が 1 変化したときの y（市町村別の歳出）の変化を知ることができる。

（3）北陸 3 県（富山県・石川県・福井県）を対象とした試算

　そのような考え方に基づいた試算の一例として、北陸 3 県の市町村（中核市を除く）を対象とした試算の一部（2015 年度）[50] を示す。

$$y = 1,139,324 + 14.2 \cdot x_1 + 235.3 \cdot x$$

y：市町村別の「歳出」（千円）、x_1：道路実延長（m）、x：人口（人）

備考：公債費は加味していない。決定係数 > 0.9

　なお、上の道路実延長については、市町村道以外の道路も含まれている。繰り返しになるが、道路実延長を採用した狙いは、道路実延長から、市町村別の属地的な行政サービスの規模を推し量ることであり、道路の細かい維持管理費を見ることではない。

　その式から、道路実延長が 1m 変化すると、市町村別の「歳出」が 14.2 千円変化することが分かる。

（4）北陸 3 県では「焼け石に水」レベル

　さきほどの続きであるが、北陸 3 県（中核市を除く）の場合、「10 人未満の農業集落」に存在する道路実延長の合計は 1,113km であり、当該地域の属地的な行政サービスに伴う「歳出」（支出）は 158 億円（2015 年度の試算対象市町村「歳出」総和の 2.0%）と試算されている[50]。

　意見が分かれるところであろうが、「10 人未満の農業集落」を「厳しい過疎地」とみなしてよいということであれば、厳しい過疎地の行政サービスの削減による歳出削減は「全体」の 2.0% が限界ということになる。無理に削減したところで「焼け石に水」レベルとみてよいのではないか。北陸 3 県以外の試算については今後の課題であるが、「焼け石に水」というレベルで大差はないと考えて

いる。

（5）全面的かつ急進的な削減は上策ではない

　「都市を守るため、むだの多い山間地域一帯の行政サービスを一気に削減して財政を健全化すべき」「強制移住が必要」については、財政上の効果よりも副作用（例：道義的な問題、住民の行政不信）のほうが大きく、上策ではないというのが筆者の考えである。

7 「都市も過疎地も時間をかけて歳出削減」が基本

（1）財政の健全化については大きな枠組みで時間をかけて議論すべき

　とはいえ、筆者は「厳しい過疎地の行政サービスはコスト無視でよい」といった極端な主張をするつもりはない。全体的にみれば、財政の状況は厳しい。このまま悪化が進行した場合、「厳しい過疎地かどうかを問わず、行政サービスを急進的に削減せざるをえない」という状況に追い込まれることになるであろう。ただし、そうなるとしても、かなり先のことと筆者は考えている。財政の健全化（歳出削減）については、もっと大きな枠組みで時間をかけて議論すべきである。「都市はそのままで過疎地だけ削減」という話ではない。「都市も過疎地も時間をかけて歳出削減」ということを強調しておきたい。

（2）道路の維持費だけでも無視できるものではない

　念のため、数字を一つ出しておく。全体に対する割合としては小さいかもしれないが、道路の維持一つとっても、厳しい過疎地の維持に必要な行政サービスの支出は無視できるようなレベルではない。

　例えば、次の①〜③のすべてに該当する状況を考えてみよう。①雪対策（後述の雪寒費）が必要な地域である。②ふもとから 2km の山間地域に一軒の「通年居住の家屋」があり、道路はそこで行き止まりとなっている。③ふもとからそこまでの道路は市町村道である。

　表 1・12 は、道路種別ごとの年間維持管理費であるが、市町村道の場合は、維持費 0.5 百万円／ km、雪寒費 0.4 百万円／ km となっている。つまり、前述の状況における道路の年間維持管理費は 180 万円（＝ 0.9 百万× 2）と推計される。極端なことをいえば、一軒のために、年間 180 万円、10 年なら 1,800 万円、30 年なら 5,400 万円の道路維持管理費が必要ということである。この場で、そ

表1・12　道路種別ごとの年間維持管理費（参考）

［百万円／km］

道路種別	維持管理費			
	維持費	修繕費	雪寒費	交通安全費
高速道路	30	13		
都市高速	212	41		
一般国道（直轄）	8	7	3	6
一般国道（補助）	3	5	2	2
都道府県道（主要地方道）	5		1	
都道府県道（一般都道府県道）	3		1	
市町村道	0.5		0.4	

・雪寒費：除雪、防雪などの積雪寒冷対策費。
・高速道路および都市高速の維持費には、雪寒費・交通安全費を含む。
・都道府県道・市町村道の維持費には、修繕費および交通安全費を含む。
・表中の値は消費税を含む（筆者注：1999年の資料であることに注意）。
出典：道路投資の評価に関する指針検討委員会編『道路投資の評価に関する指針（案）』（第2版）日本総合研究所、1999

れらの金額を評価（高いか安いか）することは不可能であるが、どれだけ小さくみたとしても、無視できる金額とはいえないであろう。

　歳出削減や行政サービスの削減が必要であることに変わりはない。その点に関する突破口については終章で説明する。

第2章

無住になっても集落振興の基盤は保持可能か

集落が無住になるとどうなるのか

　本章の主な目的は、「撤退して再興する集落づくり」の二つの前提、「①30年以上の非常に長い時間スケールでみれば、常住人口を増やす機会はいくらでもある」「②創意工夫が必要であるが、常住人口が減少しても、たとえゼロになっても、集落振興の基盤を保持することは可能」の妥当性を明らかにすることである。

　2・1 および **2・2** のテーマは、前提②のうちの「土地」である。**2・1** では、集落振興の基盤について少し整理し、「この先無住となっても土木的な可能性（集落振興の基盤の一つ）は保持可能か」という問いに答えるための事例を紹介する。

1　無住集落を通じて「撤退して再興する集落づくり」の前提を検討

(1)「撤退して再興する集落づくり」の二つの前提

　繰り返しになるが、本書の主な目的は、常住困難集落の生き残り策について非常に長い時間スケールで考えること、すなわち、「撤退して再興する集落づく

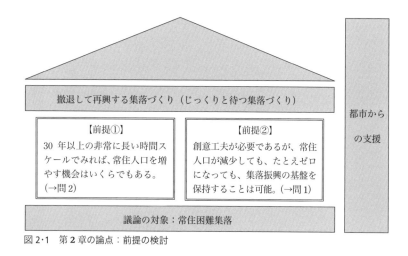

図2・1　第2章の論点：前提の検討

り」を描くことである。

　なお、1・3で農林業保全や財政再建に関する固定観念を打ち破ったわけであるが、それはあくまで「議論のスタート」に立つためのものであり、「果たして『撤退して再興する集落づくり』というものが実現可能なのか」についての議論はこれからである。

　「撤退して再興する集落づくり」には、「①30年以上の非常に長い時間スケールでみれば、常住人口を増やす機会はいくらでもある」「②創意工夫が必要であるが、常住人口が減少しても、たとえゼロになっても、集落振興の基盤を保持することは可能」という二つの前提がある。では、それら二つの前提はどの程度妥当なのか（図2・1）。

（2）非常に厳しい状況（無住）に注目し答えを出す

本書の二つの問い

　本章では、非常に厳しい状況として無住に注目し、「二つの前提はどの程度妥当か」という問いを設定し、それに答える。ただし、議論の順番は、検討項目が比較的クリアな「前提②」からとする。つまり、「この先無住となっても集落振興の基盤は保持可能か（前提②）」が問1であり、「無住集落であっても、非常に長い時間スケールでみれば、常住人口を増やす機会があると考えてよいか（前提①）」が問2である。なお、問2は、「少なくとも30年先まで世の中を見通す」という極めて難しい問いであるため、2・4で事例を一つ紹介するだけとなっている。

　例外もあるかもしれないが、無住のような非常に厳しい状況でもどうにかなることを示せば、現住の常住困難集落についても「言わずもがなどうにかなる」ということでよいであろう。

無住集落にこそ注目すべき

　蛇足になるかもしれないが、余裕のある集落で実施された過疎対策の優良事例は、常住困難集落のような余裕のない集落の生き残りを考える上であまり参考にならない。参考になるどころか、「とてもできそうにない」「挑戦してみたができなかった」という失望感をもたらす可能性すら考えられる。

　常住困難集落が参考にすべきは、恵まれた状況下で実施された「華やかな過疎対策」ではなく、非常に厳しい状況下で実施された「ぎりぎりの線を行くよ

うな過疎対策」の成功事例である。筆者にいわせれば、無住集落は、余裕のない集落の今後を考える上での「教師」ともいえる貴重な存在である。

無住集落が抱える課題は「最新のグローバルな課題」

　また、全体が縮小する世にあっては、現時点で余裕のある集落であっても、やがて、余裕のない集落に移行する可能性が低くない。つまり、無住集落がもたらす知恵は、現時点で余裕のある集落でも参考になるはずである。同じように考えれば、無住集落をみることは、平地や近郊の遠い将来を考える上でも有意義である。なお、この先は、東アジア全体でも人口が減少すると推計されている（図2・2）。東南アジアの人口も無限に増えるわけではない（同）。少し大げさかもしれないが、わが国の無住集落は、東アジアの農村の将来を考える上でも参考になるかもしれない。無住集落が抱える課題は、「古くさいローカルな課題」ではなく、「最新のグローバルな課題」であると筆者は考えている。

2　集落振興の基盤とは：土木・権利・歴史・技術の四つに注目

　「問1：この先無住となっても集落振興の基盤は保持可能か」（図2・1の右側の柱：前提②）の検討に入ろう。そもそも集落振興の基盤とはいったい何なのか。多種多様な「基盤」が考えられるが、本書では、次の4点、「①（土地の）土木的な可能性：土木的にみて、耕地、宅地、道路、水路などの使用や復旧が容易であること」「②（土地の）権利的な可能性：権利的な障壁がないこと」

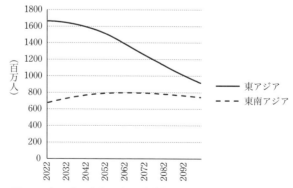

図2・2　東アジア・東南アジアの将来推計人口（中位推計1月1日時点の総人口）
（出典：UN, World Population Prospects 2022）

「③（集落の）歴史的連続性：精神的な基盤が残っていること」「④（集落における）生活生業技術」に注目することとしたい。

「土木的な可能性」の定義については前述のとおりであるが、本書では、「地形が変わるほどの土壌侵食が見られないこと」「大規模な裸地が見られないこと」「環境破壊といえるものが見られないこと」「現地への接近が容易」のすべてを満たすことを最低ラインとした。

歴史的連続性については説明が非常に難しい。筆者のイメージは、過去の歴史と現在が連続している（つながっている）という感覚であり、集落全体の風景、古くからのお祭り、代々引き継がれてきた不文律や生活生業技術、集落への帰属意識などが関連していると思われる。歴史的連続性の定義やその源泉については、集落ごとに異なるもの、同じ集落でも個々人で異なるものと考えるべきであろう。

現時点で筆者が考える「集落振興の基盤」について図 2·3 にまとめておいた。図 2·3 に示したとおり、「（土地の）土木的な可能性」は、「現状：都府県でよく見られる農村的な形」「現状：そのほかの形」に分けた。「土木的な可能性」を支える「表土」についても加筆した。ここから、主に、①の「（土地の）土木

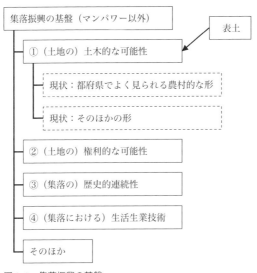

図 2·3　集落振興の基盤

的な可能性」に注目する。つまり、はじめに取りかかる問いは、「この先無住と
なっても土木的な可能性（集落振興の基盤の一つ）は保持可能か」（「前提②」
に関する問いの一つ）となる。

3 石川県における無住集落の調査：すべてを踏査

(1)「この先無住となっても土木的な可能性は保持可能か」をみるために

本節では、「この先無住となっても土木的な可能性は保持可能か」という問い
に答えるため、主に石川県の無住集落の優良事例を紹介する。

生活の大変さは気候によって大きく左右される。なかでも、積雪は生活を厳
しくする大きな要因の一つである。積雪がわずかな地域の「過疎」と、積雪が
厳しい地域の「過疎」を、同じ土俵で語るべきではない。同県は、全域が豪雪
地帯に指定されているため[*1]、「比較的厳しい過疎地」と考えてよい。

なお、筆者らは、2015 年度、「国交省の支援」[*2]を受けて、秋田県でも同様の
調査、「消えた村／廃村」調査[*3]を行っている。秋田県の事例については、書
籍『秋田・廃村の記録』[*4]にまとめられているので、ぜひ、そちらも参考にし
てほしい。

(2)石川県の場合は「大字（おおあざ）≒集落」

用語の定義：「2015 年無住集落」「最近の無住化」など

石川県の場合、大字単位のまとまりが、現場で感じる集落単位のまとまりに
近い。そこで、石川県での調査では、「2015 年国勢調査の常住人口が 0 の大字」
を「2015 年無住集落」と定義した[*5]。さらに、「1995 年国勢調査の常住人口が
0 の大字」を「1995 年無住集落」、「1995 年国勢調査の常住人口が 1 以上の大
字」を「1995 年現住集落」とした[*6]。石川県には、干拓地やダム水没地などを
除いて 33 の 2015 年無住集落が存在するが、筆者らは、そのすべてを訪問して
いる[*7]。

無住化についても細かい定義（最近の無住化・古い無住化）を追加する。同
じ集落（大字）に対し、「1995 年現住集落」かつ「2015 年無住集落」の場合を
「最近の無住化」、「1995 年無住集落」かつ「2015 年無住集落」の場合を「古い
無住化」と呼ぶこととする。

なお、本書執筆中の 2022 年 7 月に 2020 年国勢調査のメッシュ（格子状の地

割り）データが公開されたが、石川県の 2015 年無住集落で「現住化」判定[*8]
となったものはなかった。

「境界が明確」が大字でみることのメリット

　大字単位で無住集落を考えることのメリットは、地理情報システム（GIS）
が必要になるものの、現地の関係者や役所などに頼ることなく、誰でも入手で
きるデータ、公的なデータだけで無住集落を特定できることにある。また、大
字は境界が明確であるため、土地利用や建物の調査でも非常に使いやすい。

　余談になるが、秋田県の場合、大字単位のまとまりは広大であり、現場で感
じる集落単位のまとまりと一致しない。

　なお、誰でも入手できるデータや公的なデータを使って無住集落を特定する
方法については、筆者が知るかぎりまだ確立していない。その点について、地
理学を専門とする渡邉敬逸氏の研究[*9]、それに類する研究のさらなる発展を願
うところである。

（3）集落代表点・道路距離・標高・年最深積雪

現地の状況を加味して集落代表点を設定

　事例の紹介に入る前に、細かい用語について説明しておきたい。本書では、
集落を「点」（集落代表点）でとらえることがあるが、その場合の「点」は、筆
者が現地の状況を加味して暫定的に設定した「点」である。

道路距離・標高・年最深積雪

　本書で「役所から集落までの距離」という場合は、役所から（筆者が暫定的
に設定した）集落代表点までの道路距離を指すこととする（「注」で出典が明示
された場合の距離は除く）。なお、「注」がない場合の距離は、筆者がグーグル
マップを使用して測定したものであり[*10]、参考値の一つにすぎないことを付け
加えておく。集落の標高は、集落代表点の標高を指すこととする。その場合の
標高は、筆者が地理院地図で測定したものである。

　集落の年最深積雪は、集落代表点を含む「メッシュ（格子状の地割り）上の
地域」（1km 四方で「1 地域」）の値である。ただし、その数字は、積雪の最高
記録ではなく、過去 30 年間の観測値から推計された平年値である。本書で登
場する年最深積雪の出典は、すべて、「メッシュ平年値 2020（気象庁、令和 4
年公開）：国土数値情報平年値メッシュデータ」[*11]である。

4 「にぎわい」のある無住集落：金沢市 平 町

（1）都府県でよく見られる農村的な形を保持している事例

　本節で登場する石川県の事例は、すべて、山間地域に位置する2015年無住集落である。まずは、無住であっても、「土木的な可能性」「都府県でよく見られる農村的な形」の両方を保持している事例を七つ紹介する（**2・1・4 ～ 2・1・10**）。最近の無住化であるが、本項では、にぎわい・活力を感じさせる無住集落、金沢市平町の景観について紹介する。なお、平町は「最近の無住化」である（1995年現住集落、かつ、2015年無住集落）。

　金沢市（**図2・4**）の2015年国調人口（国勢調査：総務省統計局統計調査部国勢統計課、以下同様）は約46万6千人であり、富山県・石川県・福井県（北陸3県）の市町村のなかでは最も人口が多い。ただし、人口集中地区[*12]（平成27年の人口集中地区、以下同様）が広がっているのは北西部だけであり、南部は山林地帯となっている。なお、市の南端部にある奈良岳山頂の標高は1,644mである。

図2・4　石川県金沢市の位置（灰色部分）
・灰色部分は筆者が着色
出典：国土数値情報「数値地図（国土基本情報）」（令和4年）：国土数値情報行政区域データ
以下、地図については同様

　金沢市役所から平町までの距離は11.5km（車で30分）、同町の標高は229m、年最深積雪は86cmである。「86cm」をどのようにみるかについては、読者の方々の居住地によると思われるが、日本海側の山間地域の感覚であれば、大した積雪ではないかもしれない。平町（旧・犀川村小平沢）の過去の規模は、1889年（明治22年）の段階で戸数12・人口99、1970年の段階で世帯数6・人口19である[*13]。

（2）有人のパン屋と直売所

　2019年5月、筆者は、金沢大学の学生とともに平町に向かった。集落代表点に自動車で到達できた上に、現地には駐車場も整備されていた。図2・5～図2・

8 は、平町で撮影されたものである。明るい雰囲気の墓地も見られた。放棄されたと思われる耕地も見られたが（「耕作放棄地」かどうかは単に土地を見ただけでは分からない：**1・2・4** 参照）、現役と思われる耕地もあった。事前の情報がない場合、景色だけでここが無住と知ることは不可能であろう。

　平町には有人のパン屋もある（図 2・5）。週末限定で「山のパン屋さん　フラットネス」をオープンする南氏は、「通うのは大変だけど、故郷にたくさんの人が来てくれてうれしい」と述べている[*14]。集落の案内板には「山のパン屋さん」について「日良佐和の美味しいお水と、平町産の材料を使用した人気のパン屋さん。(中略)（4 月〜10 月　10：00〜15：00　土日のみオープン）」と記されていた。

　無人販売方式のようであるが、平町では小さな直売所も見られた（図 2・6）。グーグルマップ（2020 年 3 月 18 日参照）では「平町千本桜の里直売所」と表記されている。筆者らが訪問したときは、原木しいたけ・梅干し・うどのきん

図 2・5　平町にある「山のパン屋さん」

図 2・6　平町の直売所

図 2・7　平町で見られた家屋の一つ

図 2・8　平町の神社

ぴらなどが販売されていた。直売所の前で語らいを楽しむ人たちの姿が強く印象に残っている。筆者らが目にした平町は、絶望の無住集落ではなく、「にぎわい・活力を感じさせる無住集落」であった。

（3）外からの「通い」の力で集落の活力を保持

　最近の無住化といった側面もあるが、平町の景観は、「特別な何か」のない無住集落であっても、集落の活力を保持できることを示している。

　特に断りがないかぎり、本書では、その集落の「国勢調査の常住人口」としてカウントされない人が、その集落を基盤とした活動に参加することを「通い」と表現する。平町にかぎらず、無住集落で土地や建物などが活用されているとすれば、それは「通い」の貢献ということになる。

　筆者は同時期に石川県内のすべての 2015 年無住集落を調査したが、平町の雰囲気は飛び抜けて明るく、希望を感じさせる無住集落であった。平町について、「土木的な可能性はどうか」と問われれば、当然、「保持している」と答えることになる。前述の「最低ライン」など余裕でクリアしている。平町では、都府県の農村にありそうなものがフルセットで見られた。

5　最近の無住化の事例から：金沢市国見町（くにみ）

（1）歴史ある社叢（しゃそう）が特徴

　平町のような特筆すべき「にぎわい」はないが、平町の南に位置する金沢市国見町（最近の無住化）も注目すべきものである。なお、国見町（旧・犀川村国見）の過去の規模は、1889 年（明治 22 年）の段階で戸数 15・人口 126、1970年の段階で世帯数 5・人口 19 である[13]。

　金沢市役所から国見町までの距離は 13.5km（車で 40 分）、同町の標高は 384m、年最深積雪は 96cm である。なお、国見町には、特筆すべき社叢（神社の森）も存在している。2020 年 9 月 16 日、集落の人々による古くからの管理で成立した国見八幡神社社叢が、新たに市指定文化財（天然記念物）にされることとなった[15]。

（2）草刈り良好で明るい雰囲気

　2019 年 5 月、筆者らは国見町に向かった。集落代表点には自動車で到達できた。図 2・9 〜図 2・11 は、国見町で撮影されたものである。「国見」という名前

図2・9　国見町の一風景

図2・10　国見町の「八幡神社」

がよく似合う眺めのよい場所であった。細かいところも見ておこう。図2・9は、草刈りが行き届いていることがよく分かる一枚である。当然であるが、草刈りをやめた場合、一帯は深い藪で覆われることになる。比較的管理状態のよい家屋類も見られた。電線が見られたことから電力も

図2・11　現役と思われる耕地（国見町）

供給されていると思われる。放棄されたと思われる耕地もあったが、現役であろう耕地も見られた。そのほか、「新道開通記念碑」という石碑も見られた。

　平町の場合と同様、最近の無住化といった側面もあるが、国見町の事例も、無住であっても、「土木的な可能性」「都府県でよく見られる農村的な形」の両方を保持できることを示している。

6　古い無住化の事例から：金沢市畠尾町

(1) 古い無住化でも土木的な可能性を保持できるか

　希望ある事例として平町や国見町を紹介したところであるが、それについては、「最近の無住化なのでそのように管理できているだけではないか」という疑問も考えられる。そこで、古い無住化（1995年無住集落、かつ、2015年無住集落）で農村らしい風景を維持している事例として金沢市畠尾町を紹介する。なお、畠尾町（旧・湯涌谷村畠尾）の過去の規模は、1889年（明治22年）の

段階で戸数16・人口107、1970年の段階で世帯数5・人口19である[*13]。また、金沢市役所から畠尾町までの距離は15.8km（車で30〜40分）、同町の標高は257m、年最深積雪は99cmである。

（2）最近建てられたと思われる建物も

2019年5月、筆者らは畠尾町に向かった。同町についても集落代表点に自動車で到達できた。なお、そのときの訪問では、畠尾町で地元の方と軽く立ち話をすることもできた。図2・12〜図2・14は、畠尾町で撮影されたものである。古い無住化ではあるが、やや古びた家屋（図2・12）だけでなく、比較的最近建てられたと思われる家屋類（図2・13）も見られた。電線が見られたことから電力も供給されていると思われる。放棄されたと思われる耕地もあったが、現役であろう耕地も見られた。現役の神社の姿は見られなかったが、跡地と思われる場所を発見することができた。

図2・12　やや古びた家屋（畠尾町）

図2・13　比較的最近建てられたと思われる家屋類（畠尾町）

（3）土木的な可能性はこの先に続く

現役の神社は見られなかったが、畠尾町の景観は、古い無住化であっても、「土木的な可能性」「都府県でよく見られる農村的な形」の両方を保持できることを示している。さらにいうと、比較的最近建てられたと思われる家屋類が見られたことから、この先も土地の手入れを続ける意思

図2・14　現役の耕地（畠尾町）

があると思われる。

　なお、本書における「古い無住化」の定義は、前述のとおり、「1995 年無住集落」かつ「2015 年無住集落」である。それに対し、「1970 年代などに無住化したことが明らかな事例を知りたい」という場合は、20 年以上前、1997 年に発行された『秋田・消えた村の記録』[*16]の「消えた村」（無人になった時期が明記）、「消えた村」のその後を調査した『秋田・廃村の記録』[*4]が参考になるはずである。それらの内容も、筆者の主張、すなわち、「この先無住となっても、土木的な可能性は保持可能」を支持するものが多いことを付け加えておきたい（例：図 2・15 〜図 2・18）。

図 2・15　秋田県山本郡藤里町「二の又」（消えた村≒無住集落、2015 年筆者撮影）
1975 年無人化（出典：佐藤晃之輔『秋田・消えた村の記録』無明舎出版、1997）

図 2・16　「二の又」で見られた耕地

図 2・17　秋田県山本郡山本町（現・三種町）「田屋」（消えた村≒無住集落、2015 年筆者撮影）
1970 年から 1978 年にかけて各々移転し無人となる（出典：佐藤晃之輔『秋田・消えた村の記録』無明舎出版、1997）

図 2・18　「田屋」で見られた耕地

7 隔絶した場所にある無住集落の事例：小松市花立町(はなたて)

(1) 隔絶した場所ならどうか：花立町を目指して「酷道」を走る

　では、「隔絶した場所でも土木的な可能性を保持できるか」について考えてみよう。最近の無住化であるが、比較的隔絶した場所にある無住集落の例として小松市花立町を紹介する。花立町（旧・新丸村大字須納谷）の過去の規模は、1889 年（明治 22 年）の段階で戸数 30・人口 196、1970 年の段階で世帯数 6・人口 12 である[*13]。

　建設機械メーカーのコマツで有名な小松市は、石川県南西部に位置する市である（図 2・19）。2015 年国調人口は約 10 万 7 千人であるが、「都市」といえそうなところは小松駅の周辺だけであり、南部には深い山林が広がっている（市内最高峰は標高 1,368m の大日山）。

図 2・19　石川県小松市の位置（灰色部分）

　小松市役所から花立町までの距離は 29.8km（車で 45 分）であり、平町や国見町の場合と比較すると、花立町は役所からかなり離れた場所に位置している。同町の標高は 573m であり、年最深積雪は 134cm である。冬期は、道路が閉鎖され、花立町に自動車で向かうことは不可能となる[*17]。なお、花立町に向かうには、国道 416 号を通る必要があるが、同町付近の国道 416 号は「酷道」とも呼ばれている[*18]。

　なお、花立町の近くには、小原町(おはら)・津江町(つえ)という 2015 年無住集落が存在する。ただし、小原町は大日川ダムによって主要部が水没した集落である。

(2) そこでみたものはどこかなつかしい「小さな桃源郷」

　筆者は花立町を何度も訪問している（1 回目は 2017 年 4 月、浅原氏と訪問）。いずれも冬期を避けての訪問であったため、多少狭い場所もあったが、集落代表点まで自動車で到達できた（未舗装区間なし）。図 2・20 はドローンで撮影した上空からの写真である。現役の家屋類、電線、昔ながらの石垣や水路（図 2・

21)、水路に咲いた色鮮やかな花、歩きやすい未舗装の小道（図2・22）が見られた。放棄されたと思われる耕地も見られたが、現役の小さな耕地（図2・23）もあった。現役の神社は見られなかったが、跡地と思われる場所を発見することはできた。なお、花立町の景色については、グーグルのストリートビューで

図2・20　上空から撮影された花立町（2017年撮影）

図2・21　昔ながらの石垣や水路（2017年撮影）

図2・22　歩きやすい未舗装の小道（2017年撮影）

図2・23　小さな耕地（地元の方と学生、2020年撮影）

図2・24　花立町の草刈り行事に参加

図2・25　花立町の草刈り行事での話し合い

も見ることができる（2020年4月1日確認）。

　文学的な表現が許されるなら、花立町は、その名がよく似合う「小さな桃源郷」といってよいのではないか[19]。余談であるが、「少しでも花立町維持の力になれば」ということで、2021年、筆者のゼミの学生も、花立町の草刈り行事に参加している（図2・24および図2・25）[20]。

　今後の継続性についての不安が残るが[21]、花立町は、<u>比較的隔絶した場所にある無住集落であっても、「土木的な可能性」「都府県でよく見られる農村的な形」の両方を保持できること</u>を示している。花立町は、「隔絶」を跳ね返すことができるということで、筆者を大きく勇気づけてくれた事例である。

8　未舗装道路の先にある無住集落の事例：輪島市町野町舞谷

（1）未舗装道路の先ならどうか

　花立町は確かに比較的隔絶した場所に位置しているが、それでも舗装道路が通じているという点では恵まれているともいえるかもしれない。そこで、次は、未舗装道の先にある小さな2015年無住集落（最近の無住化）の例として、輪島市町野町舞谷を紹介する。なお、町野町舞谷の1889年（明治22年）の規模は戸数10・人口50である[13]。

　石川県輪島市（図2・26）の2015年国調人口は、約2万7千人であり、市役所のある一帯が人口集中地区になっているが、「市」（人口5万人以上が原則）というにはやや心細い。ただし、文化的には個性的な地域であり、2011年には、一帯（能登の里山里海）が「世界農業遺産」に認定されている。輪島塗のほか観光スポ

図2・26　石川県輪島市の位置（灰色部分）

ットとしては、白米千枚田や總持寺祖院などが有名である。

　輪島市役所から町野町舞谷までの距離は28.1km（車で45分）である。町野町舞谷の標高は202m、年最深積雪は38cmであり、ここまでに登場した事例のなかでは雪は少ない。

2020年9月、筆者らは町野町舞谷に向かった。自動車で集落代表点に到達可能であったが、途中から「注意深い走行（スタック回避）が必要な未舗装の区間」を通行する必要があり、あくまで体感的なものであるが、その区間が町野町舞谷の「隔絶」の度合いを大きく引き上げていた。

（2）昔ながらの明るい集落

　未舗装道路の先にある町野町舞谷であるが、筆者らがそこで目にしたものは、藪に覆われた薄暗い風景ではなく、気持ちのよい明るい風景であった。図2・27〜図2・29は、町野町舞谷で撮影されたものである。墓地・電線・ため池も見られた。放棄されたと思われる耕地が多かったが、現役の耕地も見られた。ただし、使用されていると思われる家屋は2軒だけで、いずれも昔ながらの家屋であったため、今後の継続性については若干心細いものがある。なお、筆者らは、2019年11月にも予備調査として町野町舞谷を訪問しているが、そのときは地元の方と軽く立ち話をすることができた。

　建物をみるかぎり、今後の継続性についてやや不安もあるが、町野町舞谷の景観は、未舗装道の先にある小さな無住集落であっても、「土木的な可能性」「都府県でよく見られる農村的な形」の両方を保持できることを示している。

図2・27　上空から撮影された町野町舞谷

図2・28　町野町舞谷で見られた家屋の一つ

図2・29　町野町舞谷の神社

9　広々とした田畑が広がる無住集落：白山市 柳原町

（1）農業的な優良事例の紹介

　少し視点を変えて見よう。次は農業的な優良事例について紹介したい。「山間地域としては」という断りが入るが、広々とした田が見られる無住集落（最近の無住化）の例として、白山市柳原町を紹介する。

　石川県白山市（図2・30）の2015年国調人口は約10万9千人であり、北部には、人口集中地区（松任駅を含む一帯など）が存在するが、南部には、深い山林、草木もまばらな山岳が広がっている。市内最高峰は標高2,702m（白山・御前峰）である。現在（2023年3月）、市全域が「白山手取川ジオパーク」（ジオパーク：地質遺産に注目した自然公園）に、

図2・30　石川県白山市の位置（灰色部分）

市南部が、4県7市村にまたがる「白山ユネスコエコパーク」（ユネスコエコパーク：自然の保全と利用の調和が重視される生物圏保全地域）となっている。

（2）広々とした耕地が印象的

　白山市役所から柳原町までの距離は26.6km（車で40分）、同町の標高は232m、年最深積雪は81cmである。地理院地図をみると、手取川水系・堂川の谷にそうような形で水田が広がっていることが分かる。

　2019年5月、筆者らは柳原町に向かった。集落代表点には自動車で到達可能であり、かつ、拍子抜けするほど容易であった。図2・31・図2・32は、そのとき柳原町で撮影されたものである。放棄されたと思われる耕地も見られたが、山間地域としては広々とした現役の耕地が強く印象に残っている。神社、墓石、電線、「圃場整備事業完成記念」の石碑、「鳥越小学校柳原分校跡」の石碑も見られた。なお、「圃場整備」というのは、農業土木関連の専門用語であり、「区画整備を中心とした総合的な耕地の改良」という意味である。

　図2・33は、2020年10月に上空から撮影された柳原町であり、耕地の区画形

図2·31 山間地域としては広々とした耕地(柳原町)

図2·32 柳原町で見られた家屋の一つ

状が比較的整っていることがよくわ
かる一枚である。なお、柳原町の景
色については、グーグルのストリー
トビューでも見ることができる
(2020年12月13日確認)。

筆者らは、柳原町に2回訪問して
いるが、いずれの際も、地元の方の
姿が目に入り、軽く立ち話をするこ

図2·33 上空から撮影された柳原町の中心部

とができた。平町とはやや異なるが、柳原町も活気のある無住集落といってよ
いであろう。

(3) 現代的な農業と無住は両立可能

柳原町の事例は、無住であっても、「土木的な可能性」「都府県でよく見られ
る農村的な形」の両方を保持できること、さらには、現代的な農業が成立する
ことを示している。「区画整理された広い耕地が無住集落に」という風景は、現
在の感覚でいえば、いささか奇妙というべきかもしれない。しかし、次のよう
に考えてみてはどうか。時代は、「徒歩の時代」から「車の時代」へ、「有線の
電話すらない時代」から「運がよければ山奥でも携帯電話が使用できる時代」
へと大きく変化した。何を栽培するかにもよるが、耕地から離れた場所に住む
ことのデメリットは劇的に小さくなった。そうとなれば、「営農」(農業の経営)
と「便利な生活」が両立できる場所を求めて山から平地に移住すること(「通勤
的な耕作」への移行)、その究極形として、「通勤的な耕作だけの無住集落」と

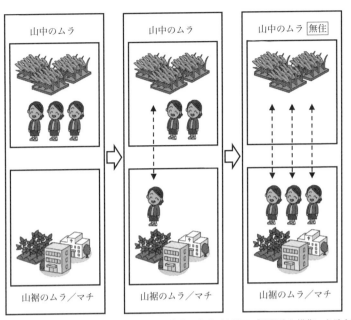

図 2・34　「通勤的な耕作」の普及と無住集落の出現（点線は「通勤的な耕作」を示す）

いうものが出現することは、特段不思議ではない（図 2・34）。そのような経緯
が柳原町にそのまま当てはまるかどうかについては、さらなる調査、歴史的な
側面からの調査が必要であるが、現状をみるかぎり、柳原町については、「近未
来の農村の姿を先取りしている」「一つの完成形」と説明することも可能であろう。

　ただし、一般論となってしまうが、最終的には担い手を継続的に確保できる
かにかかっている。柳原町のような形を「一つの完成形」とみなしたとしても、
農村特有の課題が自動的に解決するわけではない。

（4）現代によみがえる「季節出作り」とも

　いささか唐突に聞こえるかもしれないが、古い生活生業のスタイルに、「季節
出作り」というものがある。夏は山中の住居で、焼き畑、養蚕、製炭などを行
い、冬は母村に帰るという生活スタイルを「季節出作り」という[*22]。つまり、
農作業のための一時的な居住には長い歴史がある。

　柳原町は 2015 年無住集落であるが、農作業の時期については、程度の差こそ
あれ、柳原町の家屋でひとときを過ごす人が多いと考えたほうが自然である。
歴史上の「季節出作り」は衰退したが、柳原町は現代版「季節出作り」におけ

る「山中のムラ」と解釈することも可能であろう。

　『白山の出作り』を執筆した岩田憲二氏は、今後の山村の自然環境保持および活性化の手段として、「現代版出作り生活」を提唱しているが[22]、筆者もその方向性を大いに支持したい。

　なお、「白山」の場合であるが、「季節出作り」の起源については、二つの説、①母村だけの状態から形成された（母村から山中に進出）、②山地農民が冬の間だけ母村で暮らし始めることで形成された（山中から母村への進出）があるという（後者が有力）[22]。

　そのほか、「出作り」（Dezukuri）については、白山ユネスコエコパーク（Mt. Hakusan Biosphere Reserve）について調査した堀優子氏らの論文[23]も大いに参考になるはずである。

10　静かな観光スポットのある無住集落：白山市五十谷町

(1) 柳原町の隣も無住集落

　柳原町が登場したところで、その隣の白山市五十谷町も紹介しておきたい。五十谷町は、小さな観光スポットを有する2015年無住集落（最近の無住化）である。耕地の形状については、柳原町の場合と同様、比較的整っている。

　白山市役所から五十谷町までの距離は23.3km（車で45分）であり、同町の標高は263m、年最深積雪は80cmである。地理院地図上では、谷に沿うような形で水田が並んでいる。

(2) 無住集落で観光客と出会う

　2019年5月、筆者らは五十谷町に向かった。柳原町の場合と同様、集落代表点には自動車で簡単に到達できた。道路沿い・川沿いに並ぶ耕地がすぐに目に入った（図2・35）。神社、家屋類（図2・36）、墓石、掲示板、電線、放棄されたと思われる耕地も見られた。

　五十谷町では、静かな観光スポットともいうべき天然記念物、「五十谷の大スギ」（目印は「八幡神社」）を見ることができた（図2・37）。近くの案内板（鳥越村教育委員会）によると推定樹齢は1200年であるという。

　2020年10月、筆者らは再び五十谷町に向かったが、そのときは、わずか20分程度の間に、観光客と思われる2組4名が訪問するという状況に出くわした。

図2・35　五十谷町で見られた耕地

図2・36　五十谷町で見られた家屋類の一つ

インターネットの検索でも関連する
記事が多数ヒットする。なお、五十
谷町の景色については、グーグルの
ストリートビューでも見ることがで
きる（2020年12月29日確認）。そ
の画面（撮影日2012年9月）にも
多くの観光客が写っている。

図2・37　五十谷の大スギ

（3）無住集落で「農業」と「観光的な可能性」を保持

　五十谷町も、柳原町と同様、「土木的な可能性」「都府県でよく見られる農村的な形」の両方を保持しているといってよい。さらに、五十谷町の景観は、無住であっても、農業（まとまりのある耕地）と観光的な可能性を保持できることを示している。筆者にとっての五十谷町は、「今後、観光の発展が期待できる」という点でも「希望ある無住集落」である。

　ここまで、都府県でよく見られる農村的な形を保持している事例を七つ紹介したが、どうであろうか。いずれの事例も、「この先無住となっても、土木的な可能性は保持可能か」という問いに対し、希望を感じさせるものといってよいのではないか。

11 　牧草地が広がる無住集落：七尾市菅沢町

（1） 都府県でよく見られる農村的な形とはいいにくいが

　少し視野を広げてみよう。次は、都府県でよく見られる農村的な形とはいいにくいが、土木的な可能性を保持している無住集落の事例を三つ紹介したい（2・1・11 ～ 2・1・13）。

　地形については、山間地域というより台地というべきかもしれないが、2・1・11 では、広大な草地を有する 2015 年無住集落（最近の無住化）、七尾市菅沢町を紹介する。なお、菅沢については「すげさわ」と読むこともあるという[*13]。

　七尾市（図 2・38）の 2015 年国調人口は約 5 万 5 千人、七尾駅や市役所が位置する一帯が人口集中地区となっている。石川県能登地方の拠点的な自治体といってよいであろう。輪島市と同様、七尾市も世界遺産「能登の里山里海」の一部となっている。観光では能登島や温泉などが有名である。地形は比較的緩やかであり、標高については最も高いところでも 507.5m にすぎない。

図 2・38　石川県七尾市の位置（灰色部分）

　七尾市役所から菅沢町までの距離は 19.9km（車で 35 分）、同町の標高は 248m、年最深積雪は 34cm であり、雪は少ない。なお、菅沢町（旧・北大呑村菅沢）の過去の規模は、1889 年（明治 22 年）の段階で戸数 7・人口 46、1970 年の段階で戸数 4・人口 17 である[*13]。

（2） 突如として現れた広大な草地

　2019 年 10 月、筆者らは菅沢町に向かった。集落代表点には自動車で到達できた。地理院地図をみると、少し奥まったところに「v」字のマーク（畑）が広がっているが、そこにあったものは牧草地と思われる広大な草地であった。遠方に海が見える気持ちのよい場所である。なお、地形図を見る場合、「v」字のマーク（畑）には牧草地も含まれていることに注意が必要である。そのほか、

建設廃材の借り置き場、電線なども
見られた。

　参考のため、2020年7月に撮影し
た草地の写真を掲載しておく（図2·
39）。白黒では分かりにくいかもし
れないが、一面、緑の草が生い茂っ
ている。なお、菅沢町については、
ごく一部であるが（前述の草地の確
認は不可）、グーグルのストリート
ビューで見ることができる（2020年4月1日確認）。

図2·39　菅沢町で見られた広大な草地（7月）

（3）少ないマンパワーで土壌を守る「牧草地の力」

　無住であっても広大な草地を保持できていることに、筆者は大きな希望を感
じた。菅沢町は、都府県でよく見られる農村的な形とはいいにくいが（どちら
かといえば北海道の風景）、土木的な可能性を保持しているといってよい。

　一般論となるが、農業的な視点からみても、牧草地は優良事例である。牧草
地であれば、傾斜地であっても広大な土地を少ない人数で管理できる。また、
畜産は農業の稼ぎ頭ともいわれている[24]。あくまで「農業」というカテゴリー
での相対的な評価であるが、畜産関連であれば、この先も期待できる。

　データを見てみよう。表2·1は一例として酪農経営（世帯による農業経営）の
状況をまとめたものであるが、少人数で広大な牧草地を使用していることがわ
かる。「30〜50頭」の規模なら、農業経営関与者数2.69人に対し、牧草地
1,518.3a（東京ドームのグラウンド面積、約12個分）という状況である。なお、
「酪農経営」「農業経営関与者」の定義については表中に示しておいた。

　細かいことになるが、牧草は土壌の侵食を防ぐ力も大きい。表2·2は、土壌
侵食比（筆者補足：低いほど侵食されにくい）を示したものであるが、牧草は
0.007と非常に低い（侵食されにくい）。貴重な資源である「表土」を守る上で
も、牧草地は期待できる。

　都府県ではあまりなじみのない牧草地であるが（表2·3）、マンパワーが減少
するなか、緩斜面の広大な土地を管理するという点で再評価すべきものと筆者
は考えている。

表 2・1 酪農経営の経営耕地面積と農業経営関与者数
（全国・1 経営体当たりの平均・搾乳牛飼養頭数規模別）

区分	経営耕地面積 [a]		農業経営関与者数 [年始め・人]
		うち牧草地	
20 頭未満	480.4	138.0	2.12
20 〜 30	1,067.8	633.0	2.55
30 〜 50	2,003.1	1,518.3	2.69
50 〜 80	4,597.2	4,125.9	2.88
80 〜 100	5,511.7	4,698.3	3.16
100 頭以上	7,916.8	6,644.0	3.15

・調査対象：農業生産物の販売を目的とし、世帯による農業経営を行う農業経営体（法人格を有する経営体を含む）。
・酪農経営：酪農の販売収入が他の営農類型の農業生産物販売収入と比べて最も多い経営。
・農業経営関与者：農業経営主夫婦及び年間 60 日以上当該経営体の農業に従事する世帯員である家族（例外は割愛）。
出典：農林水産省『平成 30 年営農類型別経営統計（個別経営、第 3 分冊、畜産経営編）』

表 2・2 各種作物の土壌侵食比

作物	土壌侵食比	作物	土壌侵食比
牧草	0.007	除虫菊	0.342
エンバク	0.093	アスパラガス	0.400
雑草	0.202	カンショ	0.433
春まき小麦	0.213	トウモロコシ	0.747
バレイショ	0.301	ダイズ	0.756

筆者補足 1：土壌侵食比が小さいほど侵食されにくい。
筆者補足 2：農地工学の教科書的な書籍にも全く同じ数字が登場するが、そちらには、「裸地を 1 とした場合」と補足されている。「(V. 1.) 水食」『新版 農地工学』(2 版)（穴瀬真・安富六郎・多田敦編）141-151、文永堂出版、1994
出典：種田行男「農地の土壌侵食量の予測」『農業土木学会論文集』56、8-12、1975

表 2・3 令和 4（2022）年の耕地面積

[ha]

	田	畑耕地		
		普通畑	樹園地	牧草地
全国	2,352,000	1,123,000	258,600	591,300
北海道	221,600	418,100	3,050	498,700
都府県	2,131,000	705,300	255,600	92,500

出典：農林水産省『令和 4 年耕地及び作付面積統計』

12 観光農園がある無住集落：鳳珠郡能登町字福光

(1) 農業＋観光業の優良事例として

　農業的な優良事例と思われるものとしてもう一つ、観光農園が存在する 2015 年無住集落（最近の無住化）、鳳珠郡能登町字福光を紹介する。ただし、菅沢町と同様、地形については、山間地域というより台地というべきかもしれない。

　能登町は石川県の北端部の町である（図 2・40）。2015 年国調人口は約 1 万 8 千人であるが、町内に人口集中地区は存在しない。七尾市と同様、地形は比較的緩やかであり、最高峰でも標高 543.6m（鉢伏山）にすぎない。輪島市や七尾市と同様、能登町も世界農業遺産「能登の里山里海」の一部となっている。

図 2・40　石川県鳳珠郡能登町の位置（灰色部分）

　能登町役場から字福光までの距離は 15.6km（車で 22 分）、字福光の標高は 176m、年最深積雪は 33cm である。菅沢町と同様、雪は比較的少ない。地理院地図上では、起伏がゆるやかなところが畑で覆われている。

(2) 観光農園と広大な耕地が目に飛び込む

　2019 年 11 月、筆者らは予備調査として字福光に向かった。集落代表点には自動車で到達可能であり、かつ、拍子抜けするほど容易であった。予備調査のため、奥のほうには進まなかったが、観光農園の看板が見られた（図 2・41）。

　2020 年 9 月、筆者らは再び字福光に向かった。字福光では、「開拓（抜粋：福光開拓 70 周年記念碑、令和 2 年 5 月建之）」という記念碑（図 2・42）が見られた。令和 2 年（2020 年）が「70 周年」であることから、1950 年の開拓地であることが分かった。観光農園関連の建物、広大な耕地（図 2・43）、電線も見られ、地元の方と少しだけ話すこともできた。なお、字福光の景色については、グーグルのストリートビューでも見ることができる（2020 年 4 月 1 日確認）。

　字福光は、戦後、1950 年の開拓地であり、都府県でよく見られる農村的な形

図2・41　字福光の観光農園（2019年撮影）

図2・42　開拓に関する記念碑（2020年撮影）

とはいいにくいが、<u>無住集落であっても、「農業＋観光業」という選択肢</u>があることを示している。無論、土木的な可能性もしっかりと保持している。

図2・43　字福光で見られた広大な耕地（2020年撮影）

13　キャンプ場に生まれ変わった無住集落：加賀市山中温泉上新保町

（1）観光の優良事例として

　農業からは離れることになるが、キャンプ場に生まれ変わった山間地域の無住集落の例として加賀市山中温泉上新保町（古い無住化）を紹介する。

　温泉地（山代温泉・山中温泉・片山津温泉）として有名な加賀市は、石川県の南端部の市であり（図2・44）、2015年国調人口は約6万7千人（人口集中地区あり）である。市の北部

図2・44　石川県加賀市の位置（灰色部分）

にはひらけた平野が多いが、南東部は深い森に覆われている。

　加賀市役所から山中温泉上新保町までの距離は 22.3km（車で 35 分）、同町の標高は 347m、年最深積雪は 114cm である。同町については、積雪（平年値）1m 以上ということで、雪が深いことを強調しておきたい。なお、「山中温泉」という文字が入っているが、筆者が知るかぎり、山中温泉上新保町は温泉地ではない。さらに細かいことになるが、グーグルマップでは、山中温泉上新保町の集落代表点が「山中温泉杉水町」となっていることを付け加えておきたい（2023 年 3 月現在）。

（2）そこで見たものは広大な公園

　2019 年 10 月、筆者らは山中温泉上新保町に向かった。集落代表点まで自動車で到達可能と思われるが、今回は少し歩くことになった。一帯は、キャンプ場を有する「県民の森」という公園であった（図 2・45）。集落の名残と思われるものはほとんど見られなかったが、「上新保神社跡」という石碑と「上新保の由来」という木製の看板を見つけることができた（図 2・46）。

　字福光の場合と同様、山中温泉上新保町は、都府県でよく見られる農村的な形とはいいにくいが、土木的な可能性を保持しているといってよい。無住であっても、「キャンプ場」という選択肢があるという意味で、山中温泉上新保町も心強い事例である。なお、一般論となるが、キャンプ場が周辺の営農を妨害する可能性は低い。昔ながらの農村的な姿を保ちながら、キャンプ場を展開することも不可能ではないと思われる。

図 2・45　「県民の森」の施設（山中温泉上新保町）

図 2・46　石碑と案内板（山中温泉上新保町）

14　深い緑に覆われつつある無住集落：七尾市外林町

（1）土木的な可能性に厳しいものがある無住集落

　細かい違いはあるが、前項（**2・1・13**）までの事例は、すべて、「土木的な可能性を保持している無住集落」といってよいものであった。本章の趣旨から少し外れるが、**2・1・14** では、参考のため、土木的な可能性に厳しいものがある無住集落、七尾市外林町（最近の無住化）を紹介する。ただし、筆者は、外林町を「絶望の事例」として紹介しようとは思っていない。ここで重要な点は、土地の手入れ、すなわち、耕作や草刈りを停止しても、<u>自然破壊のような変化が生じることは考えにくい</u>ということである。

　七尾市役所から外林町までの距離は 8.6km（車で 18 分）、同町の標高は 171m、年最深積雪は 28cm である。冬の雪は穏やかであり、市役所からも比較的近い。ただし、最後の約 300m は、自動車が通行できる幅の道路ではない。

（2）集落代表点に到達すること自体が難しい

　筆者は外林町を 3 回以上訪問している。1 回目（2019 年 10 月）は、集落代表点のだいぶ手前で引き返してしまった。そのときの訪問では、墓石、放棄されたと思われる耕地、傷みが進んだ「小さな木製の橋」（2022 年の訪問では修復）を発見した。

　集落代表点、家屋があるところに到達できたのは 2 回目（2019 年 11 月）の訪問であるが、途中からササの「やぶ」が深くなり（図 2・47）、わずか 50m 程度の道のりが非常に遠く感じたことをよく覚えている。2 回目の訪問では、新

図 2・47　ササの「やぶ」で覆われた小道

図 2・48　上空から撮影された外林町の中心部

たに、家屋類、電線を発見した。

　3回目の訪問（2020年7月）ではドローンで空撮を行った。そのときの写真が図2・48である。昔であれば、地面の土、あぜ道なども見られたはずであるが、現在、家屋の屋根以外は、すべて緑で覆われている。

(3)「自然にお返しする」という選択肢

　外林町について、「土木的な可能性が保持されているといえるのか」と問われた場合、筆者としては、「厳しい」といわざるをえない[*25]。また、外林町は、図1・9の「寝泊まりが全く見られない集落」に入るとみてよいであろう。しかし、筆者にとっての外林町は、別にわるい事例ではない。生物学の研究者が理想とする植生ではないかもしれないが、外林町は静かに緑に覆われつつある。乱開発の果ての荒廃よりも、はるかによいのではないか。生き残り策を考える立場としては厳しいものがあるが、「自然にお返しする」という選択肢も否定されるべきものではない。

15　主要部が太陽光パネルで覆われた無住集落：七尾市の事例

(1) 筆者が不安を感じた事例

　本項では、参考のため、現状、土木的な可能性が損なわれているとはいえないが、漠然とした不安のある事例を紹介しておきたい。2019年、筆者らは七尾市で、主要部が太陽光パネルで覆われ、一帯が立ち入り禁止になっている2015年無住集落（最近の無住化）を目撃した。元住民が気楽に散策できるような雰囲気ではない。太陽光パネルは、2014年の航空写真（地理院地図）では確認できなかったため、最近できたものと思われる。

　当事者が決断したことを否定するつもりはなく、別に「わるい」とまでは思わないが、太陽光パネルによる環境破壊がたびたび話題になる昨今にあっては、一抹の不安を覚えるところである。現時点では特に問題がないように見えるが、この先、土木的な可能性が損なわれる可能性もある。

(2) 太陽光パネルに関する不安

　ここからは一般論である。太陽光パネルには、パネルの種類によって、鉛、セレン、カドミウムなどの有害物質が含まれている[*26]。原料の有害性については技術革新により少しずつ改善されるであろうが、悪条件が重なった場合、有

害なゴミが放置される可能性がある。太陽光パネルの残骸は、時間をかけて土に戻る木造の廃屋とはかなり異なる。太陽光パネルは、土壌汚染という意味でも、この先の土木的な可能性を損なう可能性がある。

　ある日、ふるさとに立ち寄ったら一面が太陽光パネルで覆われていた。想像の域を出ていないが、この先は、そのようなことが増えそうである。無住となってから当事者を集めるのは大変である。つまり、常住人口に余力があるうちに、将来の土地利用に関する住民どうしのルールをつくっておくことを強くおすすめしたい。

（3）行政レベルのコントロールも必要

　当事者の納得を前提としたものであるが、太陽光パネルにかぎらず、無住地帯の土地利用については、行政レベルでのコントロールも必要であろう[*27]。「当事者の意思に任せる」といえば聞こえはよいが、単なる責任逃れとなってしまっては困る。これからは、無住地帯の管理を強く意識した法や制度、手法を作る必要がある。

　なお、自治体が土地を所有することになったとしても、手放しで安心できるわけではない。集落移転（集落全員がまとまって同じ場所に引っ越すこと）により跡地を自治体が所有することになった場合に関する記述であるが、「国土・環境保全のための厳しい規制が不可欠である」という意見もある[*28]。

16　通行困難な道路の例：雑草雑木・轍（わだち）・土砂崩れ・橋の崩落

（1）通行困難の5パターン

　先ほど、通行困難な道路として石川県七尾市外林町の「ササに覆われた小道」（図2・47）を紹介した。本章の趣旨から外れるが、参考のため、それ以外で筆者が遭遇した通行困難な道を紹介しておきたい。ここでは、石川県以外の事例も登場する。なお、本項の以下の例は、すべて、無住集落や「廃村」のエリア内、または、エリア外の「アクセス道路」で遭遇したものである。

　道路の通行困難のパターンは、大きく5つ、すなわち、①倒木・草木に覆われている、②未舗装道で轍が深くなっている、③土砂崩れ関係、④橋が落ちている、⑤完全な通行止めに分けることができる。

（2）通行困難パターン①：倒木・草木に覆われている

　草刈りといった管理が放棄、不十分な場合に生じるパターンであり、比較的よく見られるものである。図2・49は、通行困難としては軽微な例、石川県羽咋郡志賀町大鳥居の集落代表点に向かう道である。一方、図2・50は、比較的厳しい場合の例であり、石川県七尾市須能町の集落代表点に向かう小道である。何かの植物の太い茎が防御用の柵のように密集している。よほどの信念がないかぎり、この道を進み続けることは不可能であろう。なお、大鳥居・須能町は、いずれも2015年国調無住集落（古い無住化）である。

図2・49　大鳥居の中心部に向かう道（2020年）

　図2・51は、倒木が道をふさいでいる状況であり、浅原氏・学生2名とともに富山県南砺市で行った「廃村」調査の際（2018年10月）に撮影した写真である。にわかには信じがたいかもしれないが、写真の道路は、主要地方道、富山県の県道54号線である。

図2・50　須能町の中心部に向かう道（2020年）

　そのほか、類似する状況として、路面に大小の石があり、それを除去

図2・51　倒木でふさがった道

しながら進む必要がある、というパターンもある。

（3）通行困難パターン②：未舗装道で轍が深くなっている

　「軽トラが走行できればよい」と割り切れば、問題となるところはわずかもしれないが、深い轍は珍しいものではない。石川県での無住集落の調査では、

加賀市山中温泉真砂町（まなご）（最近の無住化）で、深い轍が見られた。

（4）通行困難パターン③：土砂崩れ関係

　細かく見ると、道が土砂で埋もれた場合、土砂崩れで道が欠けた場合、どちらともいえない場合（地形が変化したというべきレベル）の3種類がある。図2・52は、浅原氏と秋田県北秋田市の福田の中心に向かったときに撮影したもので、土砂で埋もれた場合の分かりやすい例である。

　比較的小規模な土砂崩れの結果と思われるが、図2・53は、道が欠けてしまった例であり、2017年4月、浅原氏と小松市津江町（古い無住化）に向かったときの写真である。写真のなかの「右下に向け斜面が少し明るくなっているところ」が欠けているところである。筆者が感じた恐怖をこの写真から伝えることは難しいが、写真右下への急斜面には、つかまることができるようなものがなく、一歩踏み外せば、谷底に一直線という状況である。なお、「もしかしたら修復されているかもしれない」という淡い期待のもと、2019年5月にもここに来たが、状況は変わっていなかった（そのときは引き返している）。少なくとも、約2年間、この状況が放置されていると考えるべきであろう。

　土砂崩れ自体は、どこでも起こりうるものであり、無住の文脈で論じるべきものではない。ただし、使用の頻度が極めて低いため、修復があとまわしになる可能性が高いこと、断念される可能性があることを、集落振興の基盤を保持する上で問題になりうるものとしてあげておきたい。

　図2・54は、土砂崩れにより大きく損壊した道路の例（前述の富山県南砺市での調査で撮影）である。写真は損壊部分の一部であるが、「一帯の地形が変化

図2・52　土砂で埋もれた道

図2・53　津江町の中心部への小道

図2·54　土砂崩れにより大きく損壊した道路

図2·55　深沢の中心部への橋のあと（2015年10月）

図2·56　津江町の中心部への橋のあと

図2·57　完全な通行止めの例（2019年5月）

した」といってよいレベルであった。

（5）通行困難パターン④：橋が落ちている

　水害で損壊したのか、老朽化で意図的に破壊されたかは分からないが、「橋が落ちている」というパターンもある。ただし、小さい橋はさておき、筆者がこれまでに見かけた「落ちた橋」はごくわずかである。図2·55は、浅原氏と秋田県大館市「深沢」（1965年、集団移転し無人化[* 16]）に向かおうとしたときに発見した橋のあとであり、図2·56は、津江町の中心部への橋のあとである（前述の2017年4月の調査で撮影）。いずれについても、「1974 ～ 1978年の写真」（地理院地図）では、現役と思われる橋の存在が確認できた。

（6）通行困難パターン⑤：完全な通行止め

　強固なゲートで通行止めとなっているケースであり、石川県では、金沢市の県道207号の1か所だけである（図2·57）。この写真の向こうには、犀川ダムで主要部が沈んだ2015年無住集落が存在する。なお、一般論となるが、<u>公道で</u>

あっても、安全確保、ゴミ投棄防止、財政の都合による通行止めについては、ある程度容認すべきと筆者は考えている。

（7）遠隔地からのモニタリングの必要性

　「安全確保、ゴミ投棄防止」に触れたところで、この先のことについて、少しだけ言及したい。筆者は、無住集落が増加するなか、防犯カメラも含め、遠隔地から道路や土地をモニタリングするための技術の向上、装置の改良が非常に重要と考えている。ここでは、その一例として、「現地の画像や気象状況を自動的に送信する装置」をあげておきたい[*29]。図2・58は、東京大学大学院農学生命科学研究科の溝口勝氏が福島県相馬郡飯舘村に設置したモニタリングの装置である。安全確保、ゴミ投棄防止のためだけではない。獣害防止のため、農作物の状況を知るためにも、そのような技術の向上や装置の実用化を急ぐ必要がある。

図2・58　温度・降水量・画像などを自動的に送信する装置

2·2

土木的な可能性と権利的な可能性

2·1では、「無住となっても土木的な可能性は保持可能か」という問いに答えるため、主に石川県の無住集落の優良事例を紹介した。判断材料をさらに提供した上で、前述の問いに対する答えを出したい。

また、土地関連ということで、本節では、権利的な可能性（集落振興の基盤の一つ）についても議論する。2018年以降、権利的な可能性の保持に資するような法や制度の改善が活発になっていることにも触れる。

1 土木的な可能性を支える「表土」もおおむね問題なし

まず、土木的な可能性を支える「縁の下の力持ち」である表土について言及しておきたい（図2·3参照）。生物や土木などの観点からいえば、「表土はすべての基盤」といっても過言ではない。耕地については分かりやすいかもしれないが、人工林の表土にも注意が必要である（1·3·2参照）。森林水文学などを専門とする蔵治光一郎氏も、「（前略）山の斜面の土壌の流出がもっとも『もったいない』と感じます」と述べている[*30]。さらに、蔵治氏は、次のようにも述べている（ここでも「土壌」を重視している点に注目）。

> （前略）人間が人工的に植林した森を、木材生産のために引き続き管理し続ける森と、自然の作用だけで維持される森に戻していく森とに区別し、土壌を守りながら科学的知見に基づいて継続的に関与していくことが必要ではないかと考えます。[*30]

では、無住集落における表土の保持状況はどうか。秋田県での「消えた村／廃村」調査、石川県における無住集落調査で、筆者は、耕地や人工林の表土のコンディションにもできるだけ目を配ったが、どこでも発生するような土砂崩れのたぐいはさておき、<u>表土が広い範囲で失われた状況というものを目撃する</u>

ことはなかった。

ヒノキ人工林の多いところに限定して調べた場合（例：高知県、岐阜県[*31]）、異なる結果になることも考えられるが、人工林の表土流亡の問題については、針広混交林への誘導といった対策もあるため、ここでは、必要に応じて「対策」を実施することを前提に、「おおむね問題なし」と考えることとする。

2 「最低ライン」でみれば大多数が合格

今回は、土木的な可能性の最低ラインを、「①地形が変わるほどの土壌侵食が見られないこと」「②大規模な裸地が見られないこと」「③環境破壊といえるものが見られないこと」「④現地への接近が容易（ダム水没などは対象外）」のすべてを満たすこととしたが、筆者がみたかぎり（本書で紹介しなかったものも含めて）、①から③については、ほぼ合格であり、④は合否が分かれたが、不合格のほうが珍しいという結果であった。さらにいうと、いささか奇妙な響きかもしれないが、結局、1・2・4 の「『自然への回帰』などとはほど遠い現実」というものを目撃することもできなかった。「最低ライン」でみれば、大多数が合格ということである。実際の無住集落の多くは、最低ラインよりはるかに高いレベルで、土木的な可能性を保持している。

3 数字でみる「無住集落」：土木的な可能性を検討するために

（1）石川県における無住集落全体の傾向

石川県の 34 の「無住集落」（2015 年時点の判定、ダム水没集落などを除く）を類型化し、役所からの距離の平均などをみた[*32]。表 2・4 が類型（Ⅰ～Ⅳ型）の定義、表 2・5 が類型の特徴を示したものである。この類型化の場合、土木的な可能性に赤色または黄色信号がともる可能性が高いⅣ型（長期の滞在・一定規模の耕作の両方が「×」）は、32 集落中 6 集落（約 19％）にすぎない。「楽観はできないが、厳しいというほどではない」といってよいのではないか。なお、一定規模の耕作があると判定された「Ⅰ型とⅢ型」が全体に占める割合は、25％（8 ／ 32）である。

表 2・5 では、最も有望といえそうなⅠ型は、すべて、「1995 年段階で無住ではない」という点にも注意が必要であろう。土木的な可能性は、無住の期間に

表 2・4　「無住集落」の類型基準（各類型の定義）

	Ⅰ型	Ⅱ型	Ⅲ型	Ⅳ型
長期の滞在	可能	可能	×	×
一定規模の耕作	あり	×	あり	×

（基準に関する補足）
①長期の滞在：現地調査で「家屋」「電線」の両方が確認された場合が「可能」。
②一定規模の耕作：土地利用細分メッシュデータ上で農用地（「田」「その他の農用地」）が存在し、かつ、現地でも「耕作」が確認された場合が「あり」。
出典：林直樹「石川県における無住集落の類型化と傾向」『第 78 回研究発表会講演要旨集（農業農村工学会京都支部）』127-128、2021

表 2・5　類型別の特徴（石川県の「無住集落」）

	Ⅰ型	Ⅱ型	Ⅲ型	Ⅳ型
類型該当数（集落数）	7	18	1	6
1995 年段階での無住（集落数）	0	9	1	3
役所からの距離の平均（km）	18.1	19.2	6.0	17.2
標高の平均（m）	227	293	166	257
年最深積雪の平均（cm）	55	75	27	59

補足：ダム水没集落などは除く。
・Ⅰ～Ⅳ型の説明は表 2・4。
出典：林直樹「石川県における無住集落の類型化と傾向」『第 78 回研究発表会講演要旨集（農業農村工学会京都支部）』127-128、2021

もある程度左右されるといわざるをえない。

（2）消滅集落の管理状況：全国の傾向

総務省の報告から

　では、全国の状況についてはどうか。全国的な調査として『過疎地域等における集落の状況に関する現況把握調査報告書（令和 2 年 3 月）』（総務省地域力創造グループ過疎対策室）を少しだけ紹介しておきたい。この報告書は、全国をカバーした非常に貴重な資料である。ただし、行政担当者へのアンケート調査に基づくものであるため、「厳格さ」という点では、少し甘いところがある。例えば、アンケートの用語の定義にあいまいなところがあること、それなりの人員を配置し、よほどの時間をかけないかぎり、そのアンケートに正確に答えるのは難しいこと（担当者の人数や力量に大きく左右されること）を指摘しておく。なお、「消滅集落」の定義については、1・2・4 で示したとおりであるが、おおむね無住集落と同じと考えてよい。ただし、集落そのものの定義が同一ではないこともあるため、筆者らの石川県での調査結果と単純に比較することは

できない。

消滅集落における「農地・田畑」の保持率は約32%

　面的な広がりのある耕地は、土木的な可能性を考える上で非常に重要である。山間地域に限定したものではないが、表2・6は、消滅集落の管理状況を示したものである。表2・6によると、農地・田畑が管理されている消滅集落（≒無住集落）30集落の割合は、「該当なし」「無回答」の両方を除いた62集落に対し約48%（30／62）、「無回答」を除いた95集落に対し約32%（30／95）である。なお、いわゆる集落で、農地・田畑が「そもそもなし」というのは考えにくい。農地・田畑における「該当なし」は、植林や遷移による林地化の結果と考えるべきであろう。農地・田畑の「保持率」をみるということなら、無回答を除いた全集落に対する割合、つまり、「約32%」のほうをみるのが妥当と思われる。

表2・6　地域資源別・消滅集落の管理状況別消滅集落数（過疎地域のみ）
[セル上段：集落数、セル下段：構成比]

	元住民が管理	他集落が管理	ボランティア等が管理	行政が管理	放置	該当なし	無回答	計
森林・林地	20 14.3%	3 2.1%	0 0.0%	9 6.4%	38 27.1%	25 17.9%	45 32.1%	140 100.0%
農地・田畑	27 19.3%	3 2.1%	0 0.0%	0 0.0%	32 22.9%	33 23.6%	45 32.1%	140 100.0%
集会所・小学校等	2 1.4%	0 0.0.%	0 0.0%	3 2.1%	3 2.1%	86 61.4%	46 32.9%	140 100.0%
住宅	34 24.3%	0 0.0%	0 0.0%	5 3.6%	37 26.4%	23 16.4%	41 29.3%	140 100.0%
集落道路・農道等	11 7.9%	2 1.4%	0 0.0%	48 34.3%	10 7.1%	24 17.1%	45 32.1%	140 100.0%
用排水路等	14 10.0%	4 2.9%	0 0.0%	27 19.3%	21 15.0%	29 20.7%	45 32.1%	140 100.0%
神社・仏閣等	13 9.3%	1 0.7%	0 0.0%	0 0.0%	9 6.4%	72 51.4%	45 32.1%	140 100.0%
河川・湖沼・ため池等	4 2.9%	1 0.7%	0 0.0%	17 12.1%	20 14.3%	53 37.9%	45 32.1%	140 100.0%
伝統的祭事・伝統芸能等	2 1.4%	1 0.7%	0 0.0%	0 0.0%	18 12.9%	74 52.9%	45 32.1%	140 100.0%

・「消滅集落」の定義は1・2・4(2) を、「集落」の定義は表1・10を参照。
・筆者補足：2014年以降に消滅した集落が対象と思われる。
出典：総務省地域力創造グループ過疎対策室『過疎地域等における集落の状況に関する現況把握調査報告書（令和2年3月）』2020

楽観はできないが厳しい状況ともいえない農地・田畑

　耕地（農地・田畑）の保持率の約32％は、そもそもが100％であったと考えると、高いとはいいにくい。「無住集落」の耕地を現役で残すということであれば、成り行き任せではなく、営農の継続に向けた集落内でのルールづくりなど、一定の対策を考えておく必要があると思われる。ただし、「約32％」は、「高い」とはいいにくいが、「保持は不可能」と思わせるレベルでもない。耕地の保持についても、「楽観はできないが、厳しいというほどではない」という表現が適切であろう。

農地・田畑の維持で頼りになるのは「元住民」

　ここでは、農地・田畑の管理の手段にも注目しておきたい。現時点での主力は、「元住民」の通勤的な耕作であり、「放置」「該当なし」「無回答」を除いた30集落に対し90％（27／30）を占めている。「他集落」が管理する場合はわずか（3集落）であり、「ボランティア等」に至っては全く見られない。元住民からみれば、農地・田畑は「自分の財産」である。「自分の財産は自分で守る」と考えた場合、至極自然な結果とみるべきであろう。

住宅の保持率は「約34％」

　この表をみるかぎり、住宅の管理状況にも厳しいものがある。住宅が管理されている消滅集落39集落の割合は、「該当なし」「無回答」の両方を除いた76集落に対し約51％（39／76）、「無回答」を除いた99集落に対し約39％（39／99）である。さきほどと同じような議論になるが、いわゆる集落で、住宅が「そもそもなし」ということは考えにくい。住宅における「該当なし」は、撤去された結果、あるいは、傷みが進みすぎて住宅として認識されなかった結果と考えるべきであろう。住宅の「保持率」をみるということなら、無回答を除いた全集落に対する割合、つまり、「約39％」をみるのが妥当と思われる。

神社・仏閣などの保持率は61％

　表2・6をもう少しみてみよう。筆者が注目した資源は、集落の「歴史的連続性」の維持に貢献しうる「神社・仏閣など」である。管理された神社・仏閣などを有する消滅集落（≒無住集落）の割合は、「該当なし」「無回答」の両方を除いた23集落に対し約61％（14／23）である。農地・田畑、住宅の場合と比較すると、保持率は高いといってよいであろう。

（3）現役の耕地が残りやすい「消えた村／廃村」：秋田県の場合

秋田県での「消えた村／廃村」調査の結果を使用したデータ解析

　筆者らの秋田県での「消えた村／廃村」調査では、62地区中38地区（61.3％）で耕作、現役の耕地が見られた（ダム水没集落などはそもそも対象外）。なお、この場合の「消えた村」も、無住集落とおおよそ同じと考えてよいが、石川県での調査結果と単純に比較することはできない。

　少しそれるが、耕作を左右する要素に関する分析を一つ紹介したい。地域解析を専門とする関口達也氏は、秋田県での「消えた村／廃村」調査の結果、既存の統計データを使用し、1地区1ケースという解析単位で「耕作が見られにくくなる条件」について解析している（筆者・関口氏・浅原氏の共同研究）。

　そこでは、耕作を左右する可能性のあるものとして、次の13変数、①道路の舗装状況、②電力の供給（筆者補足：配電線）、③道路総延長密度、④最盛期戸数、⑤無居住化（筆者補足：無住化）からの年数、⑥2月最低気温、⑦年降水量合計、⑧年最深積雪量、⑨年日照時間合計、⑩最高標高、⑪最低標高、⑫10km圏の人口密度、⑬10km圏の第1次産業人口密度が検討され、最終的に、「年最深積雪量が深い」「最低標高が高い」「配電線が発見できない」場合に、耕作が見られにくくなる、という傾向が導き出されている[*33]。

人間の力ではどうしようもない要素も大きい

　前述の結果は「耕地が残りにくい条件」であるが、見る角度を変えると、「耕地が残りやすい条件」が浮かび上がってくる。ここで重要な点は、耕作を左右する要素として、雪の量や標高といった「人間の力では変化させることができない要素」があがっていることである。自然（雪や標高）の厳しさゆえに耕作が厳しい場合は、「自然にお返しする」も含め、別の土地利用を検討することも重要であろう。なお、前述の発表要旨[*33]も、「耕作継続が厳しいと予想される場合は、放牧などの粗放的な管理へ移行することについても、早期に検討すべきであろう」という主張で締めくくられている。

4　この先無住となっても「土木的な可能性」は保持可能

　この先無住となっても土木的な可能性は保持可能か。寄り道も含め、判断材料の提示で長くなったが、ここで現時点での筆者の結論を述べたい。

2・1・4 〜 2・1・10 では、「土木的な可能性」「都府県でよく見られる農村的な形」の両方を保持している無住集落の事例、2・1・11 〜 2・1・13 では、都府県でよく見られる農村的な形とはいいにくいが、土木的な可能性を保持している無住集落の事例を紹介した。2・2・1 では、表土の状況について「おおむね問題なし」という判断を示し、2・2・2 では、「最低ライン」でみれば、大多数が合格と述べた。さらに、2・2・3 では、数字で全体的な傾向を把握し、楽観はできないが、厳しいというほどではないことを確認した。

「創意工夫と不断の努力が必要であるが、この先無住となっても、土木的な可能性は保持可能（難しいというほどではない）」というのが、前述の問いに対する筆者の答え（結論）である。

なお、積雪が厳しい地域を抱える石川県での調査結果を重点的にみた上で「保持可能」との結論に至ったことは、全国的にみても希望ある状況と考えてよいであろう（厳しい場所で大丈夫→厳しくない場所でも大丈夫）。

5 この先無住となっても「権利的な可能性」は保持可能

（1）関係者が把握できるうちは容易

「土地」関連ということで、ここでは、「（土地の）権利的な可能性」（図2・59）に

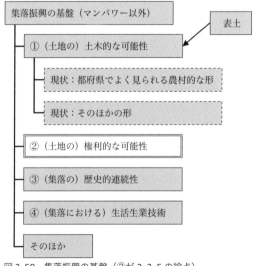

図2・59 集落振興の基盤（②が2・2・5の論点）

ついても、少しだけ言及しておきたい[*34]。この先無住となっても権利的な可能性は保持可能か、という問いである。

　最近、所有者不明の土地というものをよく聞くようになった。国土交通省の『所有者不明土地ガイドブック（令和4（2022）年3月）』[*35]によると、次のいずれか、「①不動産登記簿等を参照しても、所有者が直ちに判明しない土地」「②所有者が判明しても、所有者に連絡がつかない土地」に該当するものを「所有者不明土地」という。所有者不明土地の問題は、都市・農村を問わず、未来の土地利用の可能性を考える上で非常に深刻なものである。

　とはいえ、この先無住となっても、関係者が把握できるうちは、所有権などをクリアにすることは特段難しいことではない。また、所有者不明土地の発生については、相続登記（相続に伴う不動産の名義変更：筆者補足）の申請が義務ではないことが背景の一つと考えられているが、2024年4月から、これが義務化される[*36]。つまり、所有者不明土地の発生自体が抑制されるということである。

（2）次善策も必要：民法の「事務管理」の可能性

　現住集落であっても、すでに関係者が把握できなくなった土地が少なくないと思われる。権利的な可能性については、土地の所有者などを調べても分からない場合の次善策が重要である。

　『撤退の農村計画』のなかで、村上徹也氏は、所有者不明の土地や家屋を管理する仕組みの一つとして、民法の「事務管理」を紹介し、管理の期間や費用の捻出方法などの改善の方向についても提示している[*37]。なお、本書執筆中、筆者は、所有者不明の場所で発生した土砂崩れの復旧で「事務管理」の適用が検討されているというニュースを目にした[*38]。土地の放棄が増加する時代にあって、「事務管理」の役割は、いっそう重要になると思われる。

（3）2018年から法や制度の改善が活発に

　『撤退の農村計画』は10年以上前に出版された書籍であることに注意が必要である。前述のガイドブック[*35]を読むと、2018年の「所有者不明土地の利用の円滑化等による特別措置法（所有者不明土地法）」の制定以降、所有者不明土地に関する法や制度の整備が活発になっていることが分かる。なかでも、特定所有者不明土地（一定の条件を満たす所有者不明土地：筆者補足）を公園の整

備といった地域のための事業に利用することを可能とする制度（地域福利増進事業）、相続等により土地を取得した者が法務大臣の承認を受けてその土地（一定の要件を満たすものに限る）を国庫に帰属させることを可能とする制度（相続土地国庫帰属制度）の創設*35 は、「土地の権利的な可能性」を考える上で重要な出来事といってよいであろう。ただし、法や制度の改善は日進月歩であり、常に最新の情報を参照する必要があることを強調しておきたい。ここで細かく言及することはできないが、執筆時最新（2023 年 4 月）のトピックとしては、不在者財産管理制度の見直し*39 が特に重要である。

（4）今すぐ確認を始める

　前述のとおり、この先無住となっても、関係者が把握できるうちは、所有権などをクリアにすることは特段難しいことではない。今すぐ確認を始めれば、主な耕地や宅地の多くについては、まだ間に合うと思われる。さらに、2018 年以降、「権利的な可能性」の保持に資する「法や制度の整備」も活発となった。筆者としては、この件についても、「不断の努力が必要であるが、この先無住となっても、権利的な可能性は保持可能（難しいというほどではない）」という答えを提示したい。

　筆者は、行政向けに撤退論関連の講演を行うことがあるが、その際、「結局、何をすればよいか。具体的に示してほしい」という注文を受けることが増えた。

　常住困難集落を有する市町村の行政には、「土地」関連で次の7点をお願いしたい。①常住困難集落の現状について、幅広い観点から把握する。2・1 および 2・2 では触れていないが、<u>インフラの維持費、防災、希少生物関連など</u>に関する情報も重要である。なお、常住困難集落であっても、集落やその周辺の状況は刻一刻と変化しているので、可能であれば定期的な調査が望ましい。②無住になることが予想される現住集落について、無住を想定した「土地利用に関する住民どうしのルール」づくりを支援する（2・1・15：「太陽光パネル」に関する事例参照）。③粗大ゴミの不法投棄などが危惧される場合は、立ち入り禁止区域の設定、防犯カメラの設置などを支援する。ただし、筆者が知るかぎり、無住集落での不法投棄は少ない。④遠隔地から道路や土地をモニタリングするための技術の向上、装置の改良を支援する。⑤表土流亡の問題が発生しているところ、発生する可能性の高い人工林を特定し、表土保全のための対策を実施する（1・3・2（3）、2・2・1）。⑥土地の所有権などを早期に把握する。⑦土地の所有権などについて、関係者が把握できなくなった場合の次善策について考える。

2·3

歴史的連続性と生活生業技術

　本節のテーマは、「一定の形」としてとらえにくい歴史や技術である。ここでは、集落振興の基盤の「③（集落の）歴史的連続性」「④（集落における）生活生業技術」について議論し、最後に、「問1：この先無住となっても集落振興の基盤は保持可能か」への答えを提示する。

1　元住民が考える「歴史的連続性」の源泉

　歴史的連続性は、集落振興の基盤として非常に重要なものである（図2·60）。極端な設定であるが、無住となり、外見が大きく変化したとしても、歴史的連続性が残っていれば、集落は「健在」と筆者は考えている。

　とはいえ、歴史的連続性やその源泉について論じることは容易ではない。昔ながらの風景、古くからのお祭り、代々引き継がれてきた不文律や生活生業技術、集落への帰属意識など、検討すべきものは多岐に渡る。現在の筆者の力量

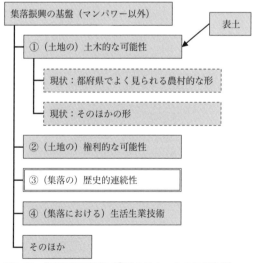

図2·60　集落振興の基盤（③が2·3·1〜2·3·5の論点）

では、全容をクリアな論理で、俯瞰的に総括することはできない。また、総括することができたとしても、一冊の本におさまるようなものにはならないであろう。

　現時点では、筆者の知るかぎりで、最低限の結論を示すことが限界といわざるをえない。本節の前半（**2・3・2 ～ 2・3・4**）では、京都府京丹後市の「無居住化集落」（≒無住集落）の元住民が考える「歴史的連続性（の源泉）」について紹介する[* 40]。

2　京丹後市における 2015 年度の「無居住化集落」調査

　まず、本書で紹介する調査の基礎となった<u>2015 年度の調査</u>について少しだけ言及しておきたい。2015 年度、小山元孝氏（現・福知山公立大学教授）は、周囲への聞き取り、『丹後の国（梅本政幸著・1993 年 9 月発行）』から、京丹後市内で 6 つの「無居住化集落」[* 41]、すなわち、山内・尾坂・内山・小脇・三山・住山を見つけ、「無居住化への経緯」「記念碑や民俗誌の整備状況」「神社・墓地等の整理」「元住民で構成する親睦会の存在、設立経緯」などについて調べ、冊子『消えない村』の第 2 章[* 42]にまとめている。以下、「小山氏の記録」という場合は、その記録を指すこととする（注で引用を示す場合もある）。

　なお、2015 年度の調査も、国交省の研究支援（**2・1・3**（1）で登場する「国交省の支援」と同じ）を受けて実施されたものである。その調査には、『撤退の農村計画』の編著者の一人である松田（齋藤）晋氏も参加している。

3　元住民の団体や記録簿で守る：京丹後市網野町尾坂（おさか）

（1）伊勢湾台風の被害を契機に全戸離村

　絹織物で有名な京丹後市は、京都府の北端部、丹後半島の北東部から付け根あたりに位置する市である（図 2・61）。京丹後市の 2015 年国調人口は約 5 万 5 千人であり、市内北部の京丹後市網野庁舎が位置する一帯が人口集中地区となっている。なお、京都駅から

図 2・61　京都府京丹後市の位置（灰色部分）

京丹後市の網野駅までは列車で2時間40分となっている。

　尾坂は「小山氏の記録」に記載された「無居住化集落」（≒無住集落）の一つであり、日本海に近い山間地域に位置している。京丹後市役所本庁舎から尾坂までの距離は12.6km（車で20分）であり、尾坂の標高は147m、年最深積雪は34cmである。『角川日本地名大辞典（26 京都府上巻）』には、1959年伊勢湾台風の被害を契機に、1964年には全戸が離村と記されている[*43]。なお、国勢調査（メッシュデータ）を使用して、集落代表点付近の2015年および2020年の人口を推計したが[*44]、いずれも0人であった。

　前述のとおり、尾坂は「無居住化集落」である。ただし、「現在」（2015年時点）でも、元住民の6戸（尾坂維持会）が、年1回の草刈り、道路の補修を行っている[*42]。そのほか、筆者が小山氏に直接確認したことであるが、尾坂維持会には、離村当時の世帯主からみて「2代目」「3代目の娘婿」も参加しているという。

（2）広場と記念碑のある「無居住化集落」

　2018年11月、筆者は小山氏とともに尾坂を訪問した。そのときの路面の状況はあまりよくなかったが、記念碑のある広場（図2・62）まで車で到達することができた。広場以外はやや雑然としていたが、「尾坂寺趾」の石碑も確認できた。中世には多くの僧兵を抱える大寺であったという[*43]。

図2・62　尾坂の記念碑

（3）尾坂の元住民が考える「歴史的連続性」の源泉

　歴史的連続性について掘り下げる。2018年11月、小山氏同席のもと、筆者らは、尾坂の元住民3名、沖佐々木義久氏、沖佐々木敏隆氏、真柴隆義氏から話を聞く機会を得た[*45]。

　そこでは、「集落の歴史的連続性」とはどういうものか、という筆者らの問いに対し、次の3つの回答を得た（いずれも要約）。①出身者が草刈りや道路の補修を行うことが歴史をつなげることになる（元住民で組織する尾坂維持会が現在も継続）。②記録簿をつけていること。③次の世代をおもう心が歴史的連

続性になる。

　なお、②についての補足として、尾坂では、集落が存在していた時代（「無居住化集落」になる前：筆者補足）から存在する「記録簿」が「現在」（2015年の時点）も書き続けられていることをあげておく[*42]。

　①〜③の回答は、歴史的連続性そのものというより、<u>歴史的連続性の源泉に関するもの</u>であろうが、今後を考える上で示唆に富む。重要なことは、いずれについても、<u>特殊な装置を必要とするようなものではないということ</u>である。「尾坂の元住民の考え方がほかの集落にも当てはまるか」となると、さらなる議論が必要である。とはいえ、すでに無住化した集落、これから無住化する可能性のある集落についても、特殊な装置なしに歴史的連続性（の源泉）を保持する方法があると筆者は考えている。

（4）「無住化コーディネーター」の必要性

もとの土地への心残り：無住化にも「努力」というものが必要

　事例紹介の趣旨から少し離れることになるが、もう一つ紹介しておきたい。前述のインタビューの終わりのほうで筆者は「もとの土地に心残りはないか」というセンシティブな質問を切り出したが、それについては、心残りがないようにしてきた、という回答を得た。また、その具体例として、尾坂のシンボル的存在であった観音像、村の鎮守である立脇神社を移したことがあげられた。単なる諦観とは全く異なる「心残りをなくすための努力」というのは、今後の無住化を考える上でも非常に重要と思われる。

活性化（再興）と無住化の両方を扱う「無住化コーディネーター」の必要性

　一般論となるが、筆者は、住民の気持ちに寄り添って心残りのない無住化を補佐する専門家、現代風にいえば、「無住化コーディネーター」が必要と考えている。無論、絶望を増大させ無住化を促進するような専門家ではない。「心残り」を緩和することは、<u>将来的な再興の可能性を高める上でも大きな意味を持つ</u>と思われる。

　無住化コーディネーターには、活性化（再興）に関する知識も必要である。つまり、活性化と無住化の両方に通じていることが求められる。「活性化だけを語っていればよい」という集落づくりのコーディネーターとは<u>比較にならない大変さ</u>があることを明記しておきたい。

最近立ち上がった「ムラツムギ」というグループは、「集落のエンディングノート」をつくる、といった活動を展開している*46。筆者のいうところの無住化コーディネーターと一致するとはかぎらないが、そのような活動が促進されることを切に願う。

4 「帰村権」と誇りに守られた無住集落：京丹後市久美浜町山内

(1) 久美浜湾のすぐ西に位置する標高150mの「無居住化集落」

　山内も「小山氏の記録」に記載された「無居住化集落」（≒無住集落）の一つであり、久美浜湾（面積約7.1km²の汽水性の潟湖）の西の山間地域に位置している。京丹後市役所本庁舎から山内までの距離は23.8km（車で40分）、山内の標高は150m、年最深積雪は34cmである。なお、国勢調査（メッシュデータ）を使用して、集落代表点付近の2015年および2020年の人口を推計したが*44、いずれも0人であった。

(2) 広い道路の先にある「無居住化集落」

　筆者がはじめて山内に訪問したのは2016年1月である。山裾の平地から集落代表点まで、山間地域としては広い道路が整備されていた。幸運にも天気に恵まれ、そのときの集落内の印象は比較的明るいものであった。現役の耕地は見られなかったが、記念碑を含むいくつかの石碑が見られた（図2·63）。

図2·63　山内で見られた石碑類

(3) 重要キーワード「帰村権」：転出者が土地を買い戻す権利

　「小山氏の記録」によると、山内は、1963年の豪雪をきっかけに離村が進み、1968年、京都府が土地を買い上げることで無住化に至ったという。ここでは、山内に関する重要キーワード「帰村権」について紹介する。少し長くなるが、その部分の記述をそのまま引用する。

　　（前略）山内の土地は切り売りされずに一括して京都府に売却することが可

能となった。しかし10アールあたり3万円という値段であり、到底納得できるような金額ではなかったが、その時の話では、もしこの地に帰ってくることがあれば買い取り額と同額で売主に戻すという話であっため（ママ）売却価格が低く設定されていた。このような経緯から、土地を買い上げてもらった人は帰村権を持っている。ここでいう帰村権とは、京都府が買い取った土地に元住民が帰りたいと希望した際、売却した金額と同額で買い戻すことができるという権利である。[*42]

（4）山内の元住民が考える「歴史的連続性」の源泉

　2018年12月、小山氏同席のもと、筆者は、山内の元住民である岸田一氏と話す機会を得た[*47]。「集落の歴史的連続性」が保たれているとはどういうことか、という問いに対し、帰村権があることを主張していることが、集落が続いていることにつながる、という回答を得た。「帰村権」は、単なる権利ではなく、「（山内の）歴史的連続性」の源泉にもなっているということである。

　そのほか、同じ問いに対し、「蔵王権現」があり、昔からの土地という誇りがある、という回答もあった。これは、宗教的な宝物が歴史的連続性の源泉になりうることを示唆している。なお、「蔵王権現」の過去と現在に関する詳細については「小山氏の記録」に掲載されているので、そちらを参照してほしい。「宝物」と表現するとハードルが高くなるかもしれないが、ほかの集落でも（歴史の浅い開拓村は別として）、精査すれば、それに類するものが見つかると筆者は考えている。

（5）「帰村権」の可能性：歴史的連続性の源泉をゼロから作り出す

　「帰村権」については、さらなる調査や確認が必要であろう。ここからは一般論になるが、地籍調査すらままならない現状にあって、新たに「帰村権」を設定することは容易なことではないと思われる。これ以上、権利関係を複雑にすべきではないという意見も考えられる。とはいえ、筆者としては、そのような仕組みに関する研究、実験的な取り組みが促進されることを切に願う。すでに無住化した集落、無住化の可能性をかかえる現住集落からみた場合、「帰村権」は、ゼロから作り出すことができる歴史的連続性の源泉として大きな意味を持っているからである。

5　この先無住となっても「歴史的連続性」は保持可能

　「この先無住となっても歴史的連続性の保持は可能か」に対し自信をもって回答するには、さらなる事例調査、量的な調査、多分野を横断するような分析や考察が必要である。しかし、尾坂も山内も、基本的には「保持可能」を支持する事例であり、さらに、「帰村権」を別とすれば、「歴史的連続性（の源泉）」の保持に特殊な装置は必要ないと考えられる。筆者としては、この件について、創意工夫や不断の努力が必要であるが、「別に不可能ではない」というレベルで「可能」という結論を提示したい。

6　自然との共生に必要な「生活生業技術」とその重要性

（1）「生活生業技術」とは

　次の議題は、集落振興の基盤の「④生活生業技術」である（図2·64）。本書では、昔ながらの自然と共生した生活や生業に必要な技術や知恵、その場所の山野の恵みを持続的に引き出す技術や知恵を「(集落における)生活生業技術」と呼ぶ。例をあげるとすれば、その土地の気候や土壌にあった昔ながらの農法、山菜の採集や加工（あく抜きなど）の技術、家屋の補修や日常的な道具づくり

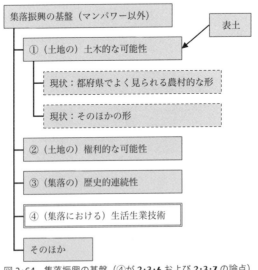

図2·64　集落振興の基盤（④が 2·3·6 および 2·3·7 の論点）

の技術である。「民俗」と呼ばれるようなものが該当することも考えられる[*48]。

　なお、『撤退の農村計画』では、永松敦氏が、「山野の恵みを利用する技術」として、循環型農法の一つである「焼き畑」、すなわち、「山林を焼き、その灰を肥料として雑穀や根菜類を一定期間栽培して、そのあと元の森に戻すという農法」を紹介している[*49]。

（2）生活生業技術が特に重要な理由

いざというときの備えとして

　生活生業技術の実践では、「輸入頼りの石油」や「脆弱なハイテク装置」を必要としないことが多い。石油や石炭などを「悪者」扱いするつもりはないが、気候変動の都合もあり、いつかは限界が到来するであろう。食料やエネルギーの輸入が厳しくなった場合（例：戦争、気候変動）、生活生業技術は非常に心強い味方になるはずである。ハイテクな装置を必要としないため、深刻な大災害からの復旧でも有用と考えられる。

　なお、生活生業技術の実践では、お金もあまりかからないことが多い。その点を加味すると、生活生業技術は、「里山資本主義」のいうところの「サブシステム」に該当するものといってよい[*50]。

未来を切り開く力として

　極端な状況、食料やエネルギーの輸入が厳しくなった場合を想定しなくても、生活生業技術やその実践的な活用には未来を切り開くような大きな潜在力がある。例えば、その土地特有の農業により、その土地特有の作物が維持された場合を考えてみよう。それは品種改良や薬品開発などに必要な遺伝子資源が自然な形で維持されることを意味する。生活生業技術のなかから、自然と共生するような新商品開発のヒントが見つかることも考えられる。

　なお、日本全体でみた場合、亜熱帯から亜寒帯まで、多種多様な環境に適応した生活生業技術が残っていることも非常に大きい。それだけで解決することではないが、この先の気候変動への対応という点でも心強い。

7　この先無住となっても「生活生業技術」は保持可能

　では、この先無住となっても生活生業技術は保持可能か。それについては、すでにある程度答えが出ているといってよいであろう。平町のように、農村的

な形が保持されているような無住集落では、当然、それを支える技術も保持されていると考えてよいのではないか。

とはいえ、それだけではいささか心細いので、ここでは、隔絶した場所にある無住集落・小松市花立町（**2·1·7** 参照）で実施された生活生業技術の調査について少し紹介したい。

筆者のゼミに所属していた濱嵜文音氏は、在学時、小松市花立町の民俗知（生活生業技術：筆者補足）について現地調査や電話による調査を行い、その結果をもとに、民俗知継承の（潜在的な）「受け手」である学生を対象としたアンケ

表 2·7　受け手からみた民俗知（生活生業技術：筆者補足）

項目	第 1 の危惧 *	第 2 の危惧 **
草むしり・草刈り	77.0	14.9
雪かき	70.3	23.0
野菜の収穫	48.6	14.9
山道歩き	47.3	35.1
昆虫採集	43.2	48.6
花の種まき・花の植え付け	41.9	36.5
野菜の栽培	41.9	29.7
落葉集め	35.1	58.1
栗拾い	32.4	51.4
自分が収集した野菜の調理	29.7	48.6
山の知識が豊富な人との交流	17.6	67.6
熊手を使った山道の清掃	17.6	74.3
自分が採取した山菜の調理	13.5	70.3
山菜の採取	13.5	62.2
川釣り（イワナ・やまめ）	10.8	67.6
きのこ類の収穫	10.8	81.1
畑の鳥獣害対策	9.5	90.5
山奥特有の花の観賞	8.1	79.7
きのこ類の栽培	6.8	90.5
クルミ拾い	4.1	91.9
雪囲い作業	4.1	93.2

＊「体験したことがある」かつ「（再度）体験したいとは思わない（わからないを含む）」の割合 ［%］
＊＊「体験したことがない（覚えていない・わからないを含む）」の割合 ［%］
出典：濱嵜文音・林直樹「無住集落を対象とした「民俗知版レッドデータブック」に関する予備的検討」『2022 年度（第 71 回）農業農村工学会大会講演会要旨集』575-576、2022

ート調査票を作成し、調査を実施している*51。ここでの問いから少しそれるか
もしれないが、その一部を紹介したい。表2・7は、学生からみた「継承の危惧
の程度」をまとめたものである。この表の興味深い点は、継承の危惧を二つ、
①第1の危惧：「体験したことがある」かつ「（再度）体験したいとは思わない
（わからないを含む）」の割合、②第2の危惧：「体験したことがない（覚えて
いない・わからないを含む）」の割合に分けていることであろう。要旨*51では、
第1の危惧について、「この場合、作業に必要な装備、作業自体の見直しが必
要になると思われる」と述べられている。「体験の機会があればそれでよい」と
いうわけではない、という点で興味深い主張といえる。

　議論を生活生業技術の保持状況に戻そう。表2・7の生活生業技術は、すべて、
「調査時点において花立町で実践されていたもの」である（別途、濱嵜氏に直接
確認）。無住集落であっても、それだけの技術が残っていることは非常に心強
い。今後、花立町以外の無住集落で同様の調査を行う必要があるが、無住とな
っても、創意工夫と不断の努力により、生活生業技術は保持可能といってよい
であろう。

8　この先無住となっても「集落振興の4種類の基盤」は保持可能

（1）無住集落でも保持可能なら現住集落でも可能

　長くなったが、これで「この先無住となっても集落振興の基盤は保持可能か
（問1）」に答えるための素材が出そろった。確度の差はあるが、集落振興の四つ
の基盤、①（土地の）土木的な可能性（2・1および2・2）、②（土地の）権利的
な可能性（2・2）、③（集落の）歴史的連続性、④（集落における）生活生業技
術のいずれについても「保持可能」という結論となった。

　図2・64に「そのほか」があるように、前述の四つだけですべての基盤が網
羅されたとは思っていない。とはいえ、現時点では、その四つに関する議論を
もって「この先無住となっても集落振興の基盤は保持可能」という答えを提示
したい。これは、非常に厳しい状況（無住）でもどうにかなるということであ
り、現住の常住困難集落についても「言わずもがなどうにかなる」といってよい。

（2）「永遠に保持できる」とはいっていない

　ただし、「無住化後、何年ぐらい保持できるか」、あるいはシンプルに「あと

何年保持できるか」となると、さらなる議論が必要である。今回の検討は、「永遠に保持できる」を支持できるものではない。とはいえ、数十年であれば、どうにかなるところのほうが多いのではないか。「集落維持の主力は『通い』でもよい」と割り切れば、若い担い手が見つかる可能性は格段に高くなるであろう。例えば、40歳代の担い手がいれば、あと30年間は安泰と考えられる。

(3) 常住困難集落以外でも油断は禁物

「この先無住となっても集落振興の基盤は保持可能」と述べたところであるが、「常住困難集落以外なら特段の対応策は不要」ということでもない。ある程度の規模の現住集落であっても、高いレベルで集落振興の基盤を保持したいなら、意識的にそれを守る活動、創意工夫と不断の努力が必要になるであろう。

コラム　一定の形としてとらえにくいものにも注意：行政へのお願い ❷

　常住困難集落を有する市町村行政には、一定の形としてとらえにくいものにも注目すること、具体的には次の5点をお願いしたい。①集落によって異なると思われる歴史的連続性の保持を中心に、住民どうしの話し合いを促進する。②農村整備のメニューに、道路や施設などの撤去・移転・再自然化（例：広範囲の緑化）に関する支援を加える（無住化に伴う心残りの緩和）。③「無住化コーディネーター」を育成する（一つの職能となるように）。④集落住民が保有する生活生業技術の保全を支援する（具体的には4・3・3で述べる）。

　生活生業技術の継承にも行政的な支援も必要であろう。ただし、「行政が支援する」となると、筆者は一抹の不安を覚える。非常に長い時間スケールでみた場合、生活生業技術は「進化する生き物」であり、「小さな消滅と小さな誕生の繰り返しで形成されるもの」と考えるべきであろう。行政サイドの「しゃくし定規な支援」が、生活生業技術の正常な進化を妨げることにならないか、というのが筆者の不安である。

　そのほか、筆者は、生活生業技術の保全が農林業への補助金などの正当化に利用されることも危惧している。ただ漠然と現代型の農林業を続けるだけで、補助金のたぐいが流れ続けるような仕組みの「看板の一つ」として「生活生業技術」が利用されることは避けたい。

2・4

「撤退して再興する集落づくり」は可能か

　本節の主なテーマは「問2」である。「問2：無住集落であっても、非常に長い時間スケールでみれば、常住人口を増やす機会があると考えてよいか」について答え、第2章の主要な議論のまとめなどを行う。

1　無住集落であっても常住人口を増やす機会はある

(1) 30年先まで見通すのは至難

　前述のとおり、次は問2（図2・65の左側の柱：前提①）に答えるわけであるが、これは、「（少なくとも）30年先まで世の中を見通す」という極めて難しい問いである。現時点の筆者としては、**1・1・2**(1) の記述が限界といわざるをえない。「可能性は低くはない」という自信はあるが、個々の集落について、「どのような機会がいつ到来するのか」と問われた場合、「分からない」と答えるしかない。ただし、それではあまりに心細いため、本項では、希望を感じさせる事例を一つ紹介したい。

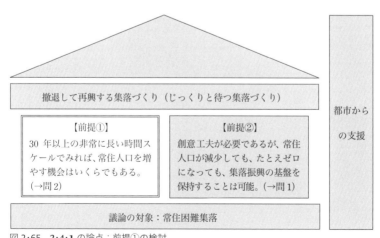

図2・65　**2・4・1**の論点：前提①の検討

（2）無住集落から現住集落に転じた左京区大原大見町

無住集落から現住集落に転じた事例として、京都府京都市左京区大原大見町について紹介しておきたい[*52]。京都市左京区（図2・66）は、銀閣寺などの世界遺産を有する観光地である。京都市左京区の2015年国調人口は約16万8千人であり、南部が人口集中地区となっているが、大原大見町が位置する北部は、よく見られる静かな山間地域である。

図2・66　京都市左京区の位置（灰色部分）

左京区役所から大原大見町までの距離は23.1km（車で50分）、同町の標高は605m、年最深積雪は139cmである。これまで登場した事例のなかでは、最も標高が高く、雪も深い。

大原大見町の無住化と子孫の移住

大原大見町は、京と若狭を結ぶ若狭街道（通称「鯖街道」）沿いの集落のひとつである。同町には、中世からの長い歴史があるが（平安末期〜戦国期は「大原荘」）、1955年の規模は人口118（世帯数21）、1975年は人口6人（世帯数4）であった[*43]。廃村研究などで有名な坂口慶治氏は、大見の完全廃村化の時期を1973年とみている（同氏の1975年の論文[*53]より）。この指摘は、「1975年は人口6人（世帯数4）」という記述と食い違うようにもみえるが、それについては、人口のカウント方法の違いによるものと考えてよいであろう。

しかし、2008年、元住民の子孫であるF氏が移住し、2012年からは村の再生を目指す「大見新村プロジェクト」が活動を始めている[*54]。大見村は、集団離村（廃村化：筆者補足）のあと、F氏の移住までの間、無住化集落（住民がゼロの集落）であった[*55]。

国勢調査（メッシュデータ）を使用して、集落代表点付近の2015年および2020年の人口を推計したが[*44]、2015年は0人、2020年は2人であった。大原大見町は、現住集落に転じたということである。ただし、常住人口2人に前述の「F氏」が含まれているかは不明である。

図2・67　「大見新村プロジェクト」の活動拠点になっている家屋

図2・68　再建中（2016年）の大見思子淵神社

全体的に見通しのよい集落

　2016年9月、筆者は大原大見町を訪問した。雑草に覆われたところも少なくなかったが、全体的に見通しがよく、現役と思われる家屋や畑も見られた。図2・67は「大見新村プロジェクト」の活動拠点になっている家屋である。大水で流れたものの現在再建中の思子淵神社も見られた（図2・68）。なお、2017年9月には「廃村サミット」という集まりが開催され、未来志向の議論が行われた。

（3）大原大見町が示す明るい未来の可能性

　大原大見町は、無住（化）集落から現住集落に転じた。大見新村プロジェクトは試行錯誤の段階にあると思われるが、今後の展開も期待できる。さらにいうと、大原大見町は、市街地から遠く、気候も厳しい。そのような条件で、現住集落への回復、地域づくり系の活動が見られたことの意義も大きい。同町は、この先、無住からの脱却のモデルの一つになるであろう。

　「すべての無住集落について、数年のうちに、大原大見町のような好機が到来するか」と問われた場合、筆者としては、「ノー」と答えざるをえない。しかし、「30年以上の時間スケール」ということであれば、かなり期待できるのではないか。「問2：無住集落であっても、非常に長い時間スケールでみれば、常住人口を増やす機会があると考えてよいか」に対する筆者の結論は、「楽観はできないが、低くはなく、どちらかといえば期待できる」である。現住集落についても、「いわずもがな」といってよい。ただし、当然のことであるが、集落振興の基盤が失われた場合、好機が到来しても、それをいかすことはできない。

2 「撤退して再興する集落づくり」は可能：必勝法不在のなかで

(1)「前提」に関する二つの問いへの答え

本章では、非常に厳しい状況として無住に注目し、「問1（前提②）：この先無住となっても集落振興の基盤は保持可能か」「問2（前提①）：無住集落であっても、非常に長い時間スケールでみれば、常住人口を増やす機会があると考えてよいか」という二つの問いを設定した。問1については「可能」（**2・3・8**参照）、問2についても「どちらかといえば期待できる」という結論となった。いずれについても、「無住でも」であり、現住の常住困難集落についても、「言わずもがなどうにかなる」といってよい。

確度の濃淡はあるが、「撤退して再興するような集落づくり」の前提には一定の妥当性があると筆者は考えている（問1＋問2への答え）。つまり、かなりの創意工夫が必要であるが、「撤退して再興する集落づくり」は可能であり、夢物語ではないということである。

(2) 必勝法不在のなかでの厳しい選択

「撤退して再興する集落づくり」の本質は、「集落の底力とこの先の可能性にかける」であり、100％成功の保証などどこにもない。ただし、「成功の保証はない」という点では「いわゆる活性化」についても同様である。

常住困難集落は、今、必勝法不在のなかでの「厳しい選択」を迫られている。今できることは、少しでも可能性の高いものにかけることだけであり、「撤退して再興する集落づくり」は、そのなかの選択肢の一つにすぎない。対象となる集落を精査した結果、「いわゆる活性化」の成功確率のほうが高いということになれば、筆者としても、その集落に対し、「いわゆる活性化」にかけることを推奨するだけである。無論、生き残り策は、それら二つだけではない。ただし、いずれにしても、「100％成功の保証付き」はないといってよい。

(3)「いわゆる活性化」を目指す場合であっても

筆者としては、「いわゆる活性化」を目指す場合であっても、集落振興の基盤に光を当て、それを保持する方策を考え実践することを推奨したい。「誰でもよいので人さえ増えれば集落は安泰」などと考えていると、知らぬ間に、「大都市のお金持ちの別荘地」に成り下がることになるであろう。

3 まず始めるべきは知ってもらうこと：イメージの改善

(1) 無住集落のイメージと現実

　本章の趣旨から少し外れるが、これからの取り組みについて少しだけ言及しておきたい。これからの常住困難集落の集落づくりで大切なことは、縮小（特に無住化）に対する過度の恐怖を払拭することと筆者は考えている。「過度の恐怖」は、建設的な思考を妨げ、最悪の場合、思考停止を招く可能性がある。

　無住集落については「恐ろしいたたずまいの廃虚が立ち並ぶような姿」「絶望的な姿」というイメージが浸透している可能性がある。例えば、画像の検索で「廃村」（無住集落の類義語）と入力すれば、それらしい写真が大量に出てくるはずである。実際、無住集落で廃墟を見かけることは珍しいことではなく（例：図2・69）、

図2・69　大破した家屋

「無住集落は明るい」などと主張するつもりは全くない。しかし、現実の無住集落の大多数は、「恐ろしい」「絶望」などと表現すべき状態ではない。その大多数は、次の三つ、①都府県でよく見られる農村的な形を保持している集落（例：平町）、②よく見られる農村的な形とはいいにくいが、何らかの形で活用されている集落（例：山中温泉上新保町）、③全体的に深い緑で覆われ（または植林され）、そこが集落であったことが分かりにくくなっている場所（例：外林町）に分類できると思われる。常住困難集落の未来を建設的に議論するためには、まず、「無住集落は恐ろしい」といった誤解を払拭することが肝要と思われる。

(2) 現実を知ってもらうための取り組み

　2016年2月、筆者らは、京丹後市で住民参加型のワークショップ（WS）を行い（図2・70）、「無居住化集落」（≒無住集落）の現状を知り、話し合うことが、無居住化（≒無住化）に対する意識をどのように変化させるかを調べた。

　それについては、特定非営利活動法人TEAM旦波の佐々木哲平氏が農業農村工学会で発表している（4名の共同研究として）。要旨[*56]によると、参加者の

集落無居住化への意識が、中立的・肯定的なものに変化したという（表2・8）。現実を知り、話し合うことの大切さを示す好例といってよいであろう。

なお、そのWSおよび調査も、前述の国交省の研究支援を受けて実施されたものである。国交省に提出した報告書（全文ダウンロード可能）*57には、参加者の個々の発言なども詳しく記載されているので、あわせて参考にすることを推奨したい。

図2・70　ワークショップの様子

表2・8　集落無居住化に対する意識の変化

[人]

		WS後の意識		
		肯定的・中立的	否定的	無回答
WS前の意識	肯定的・中立的	5	0	4
	否定的	8	1	2
	無回答	0	0	1

・肯定的・中立的：「よい」「どちらかといえばよい」「どちらともいえない」。
・否定的：「どちらかといえば悪い」「悪い」。
・WS前後における意識変化の差異は統計的にも有意であることを確認。
・補足：WS前後で2回のアンケートを実施。
出典：佐々木哲平・小山元孝・林直樹・関口達也「中山間地域における集落無居住化を見据えた住民ワークショップ～「集落存続の根本的な要素」と無居住化に対する意識の変化～」『H28農業農村工学会大会講演会講演要旨集』81-82、2016

> ## コラム　厳しい状況下での希望ある事例に注目：行政へのお願い⑩
>
> 　常住困難集落を有する市町村行政には次の2点をお願いしたい。①無住からの常住人口増加の事例、その兆しのある事例を調べ、表彰するなどして広める。「恵まれた状況下での希望ある事例」を無視する必要はないが、それに偏らないように注意してほしい。②住民どうしの議論を促進するため、無住に関する否定的な印象を払拭する。
>
> 　行政へのお願いを多数並べたが、行政のマンパワーも限定的であることにも注意が必要である。何かをはじめるなら別の何かを廃止または簡素化することを原則として、無理のない範囲で進めることを推奨したい。

第**3**章

常住困難集落の可能性を多角的にみる

議論のための枠組みの構築：全くの自由は意外に「不自由」

　本章では、常住困難集落の可能性を多角的にみるために、架空の集落を想定した「マルチシナリオ式の集落づくり試論」（一種のシミュレーション）を行う。とはいえ、紙面が限られている以上、「全くの自由」では、議論に偏りが生じる可能性が高い。そこで、まずは、一定の制限や枠組を構築しておきたい。3・1では、3種類の担い手（登場人物）を想定し、それらの組み合わせで8種類の集落類型をつくる。

1　マルチシナリオ式の集落づくり試論：一種の「シミュレーション」

(1)「撤退して再興する集落づくり」の議論にさらなる厚みを

　第2章では、無住集落を通じて「撤退して再興する集落づくり」の前提を検討し、「可能であり、夢物語ではない」という結論に至った。

　本章の最大の狙いは、「撤退して再興する集落づくり」の議論にさらなる厚みを加えることである。ここでは、架空の集落（A集落）を想定し、「いわゆる活性化」や自然回帰も含め、常住困難集落の未来や可能性を多角的にみる。あえて一口で表現すれば、「マルチシナリオ式の集落づくり試論」であり、さらに短くするなら、「シミュレーション」「思考実験」となる。思考「実験」というと、その表現に抵抗感があるかもしれないが、現実の集落での「実験」が許されない以上、思考実験で検討する以外に方法はない。

　一連の試論の主眼は、集落の類型、類型間の変化のパターンを網羅すること、集落の可能性を限定することではない。ここでの筆者の願いは、「複数の未来を想定するような思考を実践してほしい」「その思考方法を農村戦略の策定で役に立ててほしい」ということだけである。ただし、それだけでは、「『複数の未来を想定するような思考』などといわれても意味が分からない」となるので、この場で一例を示すという流れである。

　少しそれるが、マルチシナリオ式の試論については、「別に珍しくない」とい

う意見も考えられる。しかし、そのほとんどは、「その筆者が理想とする特定の
シナリオ」と、それを正当化するための「一方的に否定されるだけのシナリオ」
の組み合わせであろう。筆者にいわせれば、そのようなものは「マルチシナリ
オ」ではない。どうしても筆者の好みが出てしまうが、本書には、「一方的に否
定されるだけのシナリオ」というものは登場しない。本書のような、すべての
シナリオに一定の正当性が与えられた「マルチシナリオ式の試論」は珍しいの
ではないか。

（2）消滅の二文字がちらつく山間地域の小集落

　のちほどいくつか追加されるが、まずは、A集落の初期状態として、次の5
点、「①雪国に位置する」「②片道30分程度のところに市街地がある」「③古く
からの集落」「④常住困難集落」「⑤生活上の困難に伴う遠方への四散的な転出
が見られることがある」を示しておきたい。一口でいえば、「消滅の二文字がち
らつく山間地域の小集落」である。なお、⑤の「遠方」については、都市に転
出した子ども世帯の家や高齢者向けの施設などを指すこととする。

2　主な登場人物の設定：「高関与住民」「高関与外部住民」「低関与住民」

（1）一定の制限をかける：偏りの少ない議論をするために

担い手の類型化→集落の類型化の順で

　さて、ここから無限に広がるA集落の未来を描くわけであるが、全くの自由
では、はじめの一歩すら踏み出すことができない。そこで、この議論では、限
られた紙面でできるだけ偏りなく可能性を議論するため、想定する状況や変化
に一定の制限をかけることとする。

　枠組みの設定は大きく二つの段階に分かれる。第一に、「住民共同活動」をキ
ーワードとして、A集落の担い手（登場人物）を3種類、すなわち、①高関与
住民、②高関与外部住民、③低関与住民に分ける。第二に、3種類の担い手の組
み合わせにより、集落の類型化を行う。A集落の未来に関する議論は、それら
で構築された枠組みを基盤として進める。

住民共同活動の範囲：維持管理のための作業に限定

　一口に「住民共同活動」といっても多種多様である。議論を分かりやすくす
るため、「住民共同活動」については、草刈り、水路や集会所の清掃や補修など

の作業に限定する。

（2）高関与住民：A集落の初期状態の担い手は高関与住民のみ

　ここでは、第一に「A集落の国勢調査の<u>常住人口としてカウント</u>され、A集落の一員としての責任感をもって『A集落の住民共同活動』に参加している人」を「高関与住民」と呼ぶ。A集落の初期状態の担い手は<u>高関与住民のみ</u>、さらに、その高関与住民の<u>大多数は高齢の農家の住民</u>とする。

（3）高関与外部住民：「通い」の主力

　第二に「A集落の国勢調査の常住人口としてカウントされないが、A集落の一員としての責任感をもって『A集落の住民共同活動』に参加している人」を「高関与外部住民」と呼ぶこととする。「高関与外部住民」と前述の「高関与住民」の違いは、A集落の国勢調査の常住人口としてカウントされるかどうかだけである。高関与外部住民は、「通い」の主力と考えることができる。ただし、「通いを行っていれば、自動的に高関与外部住民に該当する」というわけではない。

　高関与外部住民の定義には、「元住民である」という条件がないことにも注意が必要である。そのため、「いきなり」は難しいかもしれないが、<u>縁もゆかりもない人</u>であっても、高関与外部住民になることは可能である。

　高関与外部住民の多くは、仕事や子育ての都合で近くの平地や市街地に転出した「A集落の元住民」になると思われる。その点を考慮し、新たに誘致した<u>高関与外部住民については、若手も一定数含まれている</u>と仮定する。

（4）低関与住民：集落の持続的な戦力としては厳しい

　第三に「A集落の国勢調査の常住人口としてカウントされるが、A集落の一員としての責任感をもって『A集落の住民共同活動』に参加しているとは<u>いいにくい人</u>」を「低関与住民」と定義する。なお、新たに誘致した低関与住民についても、若手が一定数含まれていると仮定する。

　高関与住民と低関与住民の決定的な違いは、住民共同活動への参加頻度や居住年数ではなく、「A集落の一員としての責任感」の有無である。住民共同活動に参加しているとしても、「責任感」に欠けている（気楽なお手伝い）なら、高関与住民ではなく低関与住民であり、集落の持続的な戦力としては厳しいものがある。

　表3・1は、以上の3種類の担い手をまとめたものである。それら以外に、「A

表3·1　第3章における「集落の担い手」の定義

担い手	定義および仮定
高関与住民	A集落の国勢調査の常住人口としてカウントされ、A集落の一員としての責任感をもって『A集落の住民共同活動』に参加している人。
高関与外部住民	A集落の国勢調査の常住人口としてカウントされないが、A集落の一員としての責任感をもって『A集落の住民共同活動』に参加している人。新たに誘致した場合、若手も一定数含まれていると仮定する。
低関与住民	A集落の国勢調査の常住人口としてカウントされるが、A集落の一員としての責任感をもって『A集落の住民共同活動』に参加しているとはいいにくい人。新たに誘致した場合、若手も一定数含まれていると仮定する。

集落の国勢調査の常住人口としてカウントされず、A集落の一員としての責任感をもって『A集落の住民共同活動』に参加しているわけでもないが、A集落の活動に一定の支援を行う人」、あえていえば、「低関与外部住民」も考えられるが、議論の複雑化を避けるため、ここでは割愛する。なお、高関与住民・高関与外部住民・低関与住民は、いずれも一般に通用する用語ではなく、本書をわかりやすく説明するための借置きの用語である[*1]。

(5) そのほかの登場人物：「基幹戦力」「外部縁者」

高関与住民＋高関与外部住民＝基幹戦力

　本書独自の用語をあと二つ定義しておきたい。一つ目は、「基幹戦力」であり、これは、高関与住民と高関与外部住民を区別せず一つにしたものである。基幹戦力は、A集落の一員としての責任感をもって住民共同活動に参加している人であり、集落振興の基盤を保持する上で最も重要な担い手といってよい。

外部縁者：基幹戦力の有力な候補として

　二つ目は、「外部縁者」である。次の3点、すなわち、「①高関与住民の縁者」「②A集落の国勢調査の常住人口にカウントされない」「③高関与外部住民ではない」のすべてを満たす人を「外部縁者」と呼ぶ。外部縁者は、基幹戦力（高関与住民／高関与外部住民）の有力候補として登場する。

3　キーワードは「高関与外部住民」：「通い」の距離など

(1)「他出子」「他出者」「関係人口」との関係

「他出子」との関係

　高関与外部住民は、本章を理解する上で重要なキーワードである。少し長く

なるが、関連事項に触れておきたい。まず、筆者がここで定義した高関与外部住民は、「他出子」（当該集落から転出した子ども）といった概念と重なるところが大きい。あとで補足するが、既存研究で「他出子」という場合、親が出身村に居住していない場合の「他出した人」は含まれない*2。徳野貞雄氏は、「（前略）過疎農山村からの他出子は（中略）『現在と未来の農山村を支えることも可能な人間関係資源』＝〈顕在的サポーター〉として見直していく必要がある」と主張している*3。筆者も含め、他出子に対する研究者の期待は大きい。「『A集落の他出子』の全員が高関与外部住民」ということではないが、「高関与外部住民ではない『A集落の他出子』」は、この先の高関与外部住民の有力候補といってよい。

親が出身村にいない者も含めた「他出者」との関係

　一方、大久保氏ら*2は、他出子の概念を広げ、親が出身村にいない者も含めた「他出者」に注目して地域の分析を行っている（既存研究において、「他出子」「他出子弟」「他出家族」という概念は、親が出身村に居住していない他出者を含んでこなかった）。要するに、「他出者」といえば、「出身村からの転出者全員（親が出身村にいるかは無関係）」ということである。

　「他出子」より「他出者」のほうが高関与外部住民のイメージに近い。ただし、繰り返しになるが、高関与外部住民の本質は、血縁ではなく、「A集落の一員としての責任感」である。縁もゆかりもない人であっても、高関与外部住民になることは可能である。

　なお、少しそれるが、同氏ら*2も、「（前略）必ずしも定住に基づかない形で集落を『やれる範囲』で維持していくことも、可能となるのかもしれない」と述べていることを付け加えておきたい。

「関係人口」との関係

　高関与外部住民に触れたところで、「関係人口」についても少し触れておきたい。関係人口の定義は「移住した『定住人口』でもなく、観光に来た『交流人口』でもない、地域と多様に関わる人々」であり、例として「地域内にルーツがある者（近居）」「行き来する者『風の人』」などがあげられている*4。

　高関与外旧住民は関係人口と重なるところが大きい。ただし、「重なる」といっても関係人口という概念は非常に広く、本書の趣旨からみると「雑音」とな

る部分が大きいため、ここでは関係人口という用語は使用しない。

（2）高関与外部住民の「通い」の距離

30分圏以内が有力か

　次は、高関与外部住民のふだんの居住地についてである。前述のとおり、高関与外部住民は、「通い」の主力と考えることができるが、実践面となると、ふだんの居住地とA集落との距離が問題となる。

　甲斐友朗氏らは、兵庫県但馬地域の消滅集落に関する調査から、「通い」（あとの注参照）の担い手のほとんどは消滅集落から約30分圏以内に居住していると述べている[*5]。まずは、30分圏以内が有力と考えてよいであろう。

横江氏の「近居」なら片道30分以内

　「通い」の距離を考える上で「30分」が分かれ目と考えられる理由はほかにもある。次は、「近居」という概念に注目してみよう。一口でいえば、「同居ではないが、近くに住む親世代と子世代が互いに生活を助け合うような状況」である。気楽に通うという点をみるかぎり、「近居」と「集落外からの通いによる集落維持」は同類といってよいのではないか。横江麻実氏[*6]は、大和ハウス工業が実施した大規模な調査をもとに「移動時間30分以内」を「近居」と定義している（筆者注：往復か片道かが明示されていないが、単純に片道と考えてよいであろう）。近居からの類推という点では、「車で片道30分以内」が一つの目安になると考えられる。

　なお、A集落には「②片道30分程度のところに市街地がある」という設定があるが、これは、「通い」に有利であることを意味している。

徳野氏の「実家と他出世帯との距離」

　実家と他出世帯（他出≒転出：筆者補足）との距離については、徳野氏も興味深い指摘を行っている。少し長くなるが引用しておきたい。

　①車で20分以内のところに住んでいれば、常時接触が可能で、「隣接型家族」機能を濃厚にもつ。②20〜60分以内の移動時間では、「修正拡大家族」を形成しやすい。③90〜120分以内の移動時間では、困ったときにはすぐにかけつける、緊急時の「セーフティーネット型家族」機能をもつ。④2時間以上の移動になると、個人差がかなり目立ってくる。日常的接触は不

可能であるが、意図的な接触は可能で、生活の相互扶助もおこなわれる。[*7]

　その指摘についても、往復か片道かが明示されていないが、単純に片道と考えてよいであろう。「修正拡大家族」という用語は、日常では使用しないが、「近居」の状態にある親世代と子世代をセットにしたものといった理解でよいと思われる。ここで、高関与外部住民は①および②に当てはまると仮定すれば、「片道60分以内」が一つの目安になる。

　高関与外部住民の「通い」の距離はどの程度が望ましいか。それに対する現時点の回答は、「できれば30分以内、遠くても60分以内」ということになる。

　表3・2は、DID（人口集中地区）までの所要時間に関する資料である。それによると、都府県の山間農業地域には、25,072の農業集落が存在するが、そのうち、22,007集落（約88％）がDIDまで1時間未満の場所に位置している。

表3・2　「山間農業地域」におけるDIDまでの所要時間

[集落]

	都府県	北海道
15分未満	1,572	121
15分〜30分	7,400	325
30分〜1時間	13,035	724
1時間〜1時間半	2,299	313
1時間半以上	766	69
合計	25,072	1,552

DID（Densely Inhabited District）：人口集中地区
出典：農林水産省『2020年農林業センサス第8巻農業集落類型別統計報告書』

（3）近くのまちや都市の活力を維持することも重要

　「通い」を重要と考えるなら、地元企業が集まる「近くのまちや都市」の活力を維持する（向上させる）ことも非常に重要となる。この場で詳細を説明することはできないが、筆者にとっては、「エコノミックガーデニング（地域社会の固有特性や資源を踏まえて、地元企業の育成と長期的な安定成長を図る経済開発戦略)[*8]」のような政策も、「通い」促進に向けた重要な対策の一つである。

　細かいことになるが、近くのまちや都市について、「生活や仕事を考える上で頼りになるか」を判断する際、何を参考にすればよいのか。「人口集中地区かどうか」など、多種多様な検討方法が考えられるが、筆者としては、具体的な施設の有無や持続性を手がかりとすることを推奨したい。

　例えば、救急医療施設に注目してみよう。集落移転の移転先に関するものであるが、医療の集約化などに明るい江原朗氏の意見を紹介する。同氏は、人口

と施設数の関係に言及した上で、「人口5万人の『市・区』に救急医療施設がある場合、それが消滅する危険性はおそらく低い」「余裕をみて人口5万人以上の『市・区』の救急医療施設の近くに移転すべきであろう」と述べている[*9]。これは、まちや都市の「活力」をみる上でも参考になる意見である。つまり、救急医

図3・1　菅野義樹氏の牧場(北海道夕張郡栗山町)

療施設に注目するなら、「人口5万人以上」の市（区）が頼りになるということである。

(4) 遠くに居住する「集落出身者やその縁者」からの応援

　マルチシナリオ式の集落づくり試論には登場しないが、A集落から遠い場所に転出した「集落出身者やその縁者」からの応援も重要である。

　やや特殊であるが、遠くからでも応援できることの一事例として、北海道夕張郡栗山町在住、菅野義樹氏のことを少し紹介する。同氏は、福島第一原子力発電所事故の影響で一時ほぼ誰もいなくなった福島県相馬郡飯舘村の出身者であるが、飯舘村での畜産を断念、栗山町に移住し、その地で畜産に励んでいる（図3・1）。2015年、筆者は菅野氏とお会いした。同氏は飯舘村に見切りを付けたのではない。栗山町で畜産を続け、将来、飯舘村の復興に貢献することを考えている。「遠くからの応援」も一つの選択肢といってよい。なお、菅野氏は2022年、飯舘村の村づくり推進委員を担当、飯舘村の公民館と連携した取り組みを行っている。集落外に居住する「集落出身者やその縁者」の貢献の可能性は多種多様であることを強調しておきたい。

4　縁もゆかりもない大都市の住民の可能性

(1)「期待すべきではない」とはいわないが難易度が高い

　「人物設定」関連の最後として、縁もゆかりもない人、なかでも、全く文化の異なる大都市の住民に少し触れておきたい。地方の都市部ですら衰退が見られる状況にあっては、遠方の大都市に期待する気持ちも理解できる。

本書ではあまり登場しないが、筆者としても、そのような人々を特段無視するつもりはない。筆者が言いたいことは、農村独自の慣習（相互扶助の重圧、厳しい相互統制なども含む）への理解と実践、将来的な土地や家屋の継承（相続）に関するハードルなどを考えると、全く文化の異なる「他人」より、A集落以外に居住する「A集落出身者やその縁者」などをあてにするほうが「苦労が少ない」「難易度が低い」ということだけである。

(2)「縁もゆかりもない人」の活躍はごくわずか

　「だめ押し」のような形になってしまうが、小松市の「こまつSATOYAMA協議会加盟地区町内会」を対象とした町単位（≒集落単位）のアンケートに関する報告[*10]を見てみよう。その報告で重要な点は、次の2点である。①40人未満の町（≒集落）では、町外住民（主に町外に居住する方）が「住民共同活動」の大きな戦力になっている。②町外住民の主戦力は、「町内出身者（幼少期の居住が主に町内）」「町外出身者、なおかつ、町内出身者の家族や親せき」である（表3・3）。

　将来については分からないが、現状、「縁もゆかりもない人」（表3・3ならカテゴリー4に該当）の活躍はごくわずかといわざるをえない。

5　マルチシナリオ式の集落づくり試論に登場する集落類型の作り方

(1) 集落の類型化：3種類の登場人物（担い手）で描く八つの集落類型

　ここまで登場人物の設定について述べたが、次は、集落そのものに関する設

表3・3　「住民共同活動」に参加した町外住民の内訳（複数回答）

［選択数（「町」の数）、かっこ内は回答対象16に対する割合］

	カテゴリー	回答
1	町内出身者	12（75%）
2	満19歳以下の町外出身者で「町内出身者の家族や親せき」	1（6%）
3	満20歳以上の町外出身者で「町内出身者の家族や親せき」	7（44%）
4	上の1〜3以外の方	1（6%）
5	わからない	0（0%）

・「住民共同活動」：町内・町外にまたがるものは対象外。
・補足：表のタイトルの住民共同活動がカッコ付きとなっているのは、本書の住民共同活動とやや定義が異なるため。
出典：林直樹「農村地域の住民共同活動に対する集落外住民の貢献」『2020年度（第69回）農業農村工学会大会講演会講演要旨集』193-194、2020

定に入る。ここでは、高関与住民・高関与外部住民・低関与住民の有無を組み合わせて集落の形を類型化する。

　A集落の「検討」に登場する集落類型を表3・4に示す（2×2×2で8通り）。なお、それらの集落類型の名称も、本書をわかりやすく説明するための借置きの用語である。

（2）類型の作り方も一つではない：土地や建物に注目した場合

　少しそれるが、モデルとして何かを類型化する場合、今回のように、それを構成する重要な要素を3点程度取り上げ（ここでは3種類の担い手）、要素の有無の組み合わせで考えるという方法が分かりやすく、なおかつ、見落としも出にくい。ただし、ピックアップする要素については、できるだけ相互に独立していることが望ましい。「第1の要素」が登場すれば、「第2の要素」も100％の確率で登場するといった選び方は望ましくない。

　本書では人物に注目したが、土地や建物に注目して、集落を類型化すること

表3・4　「集落の担い手」からみた集落類型

集落類型名	集落の基幹戦力		低関与住民
	高関与住民	高関与外部住民	
①自然回帰型国土	いない	いない	いない
②個人維持型居住地	いない	いない	いる
③無住維持型集落	いない	いる	いない
④単純維持型集落	いる	いない	いない
⑤混住型集落	いる	いない	いる
⑥拡大型集落	いる	いる	いない
⑦入れ代わり型集落	いない	いる	いる
⑧拡大混住型集落	いる	いる	いる

表3・5　土地や家屋からみた集落類型

集落類型名	管理された田畑	管理された家屋	管理された人工林
①自然回帰型	ない	ない	ない
②職住分離林業型	ない	ない	ある
③別荘地型	ない	ある	ない
④職住分離農業型	ある	ない	ない
⑤職住混合林業型	ない	ある	ある
⑥職住分離農林業型	ある	ない	ある
⑦職住混合農業型	ある	ある	ない
⑧職住混合農林業型	ある	ある	ある

も可能である。例えば、集落の３要素を「管理された田畑」「管理された家屋」「管理された人工林」とすれば、表3・5のように集落類型を描くこともできる。

　本書を読み終えたら、読者の方々も、集落の要素を入れ替え、多種多様な議論を展開してほしい。ただし、感覚的なことであるが、要素の数は３個（組み合わせは８通り）が適切と思われる。要素２個（同４通り）では、議論が単調になり、要素４個（同16通り）や要素５個（同32通り）などでは、全体を見渡すことが難しくなるからである。

　なお、担い手の「人数」に注目する場合であれ、土地や建物の「規模」「個数」に注目する場合であれ、実際の集落づくりの議論では、要素の量的な下限値、「これを下回った場合は、ゼロとみなす」の「これ」の部分が必要になる。

6　集落類型別の説明および追加の設定：個性ある八つの集落像

（1）自然回帰型国土：できるだけ自然にお返しする

高関与住民・高関与外部住民・低関与住民のすべてが「いない」

　自然回帰型国土は、高関与住民、高関与外部住民、低関与住民のすべてが「いない」という集落類型（無住集落）であり、基本的には「できるだけ自然にお返しする」という形である（図3・2）。

図3・2　自然回帰型国土のイメージ
シカやイノシシは獣害対策レベルの低下を示している

「自然回帰型国土」の下位類型（基盤保持型・基盤消滅型）

　自然回帰型国土については、下位類型として次の二つ、①基盤保持型（集落振興の基盤が保持されている場合）、②基盤消滅型（集落振興の基盤の多くが失われている場合）を設定する。なお、①については、基幹戦力（高関与住民／高関与外部住民）が消滅していることを考慮し、「集落振興の基盤は危うい状況にある」と考える。

（2）個人維持型居住地：基幹戦力不在の現住集落

低関与住民だけが「いる」

　個人維持型居住地は、低関与住民だけが「いる」という集落類型（現住集落）、現住ではあるが基幹戦力が「いない」という形である（図3・3）。個人維持型居

住地についても、①基盤保持型・②基盤消
滅型の二つの下位類型を設定する。なお、
自然回帰型国土の場合と同様、①について
は、「集落振興の基盤は危うい状況にある」
と考える。

図3・3　個人維持型居住地のイメージ
現代風の家屋は低関与住民を示している

「数字の暴走」の果てに

　余談になるが、筆者は、「人の数さえ増え
れば中身はどうでもよい」という雰囲気の人口減少対策の風潮、まさに「数字
の暴走」に大きな不安を持っている。その先にあるものは何か。行き着く先は、
基盤消滅型の個人維持型居住地ではないか。「国勢調査の人口がゼロではない」
といっても、それは「かろうじて人が居住している廃集落」というべきもので
あろう。当事者が納得して、「その形でもよい」というなら話は別であるが、筆
者としては、少し立ち止まって冷静に議論することを推奨したい。

（3）無住維持型集落：「通い」100％で維持されている無住集落

高関与外部住民だけが「いる」

　無住維持型集落は、高関与外部住
民だけが「いる」という集落類型
（無住集落）であり、付け加えるなら、
「通い」100％で維持されている無住
集落である（図3・4）。

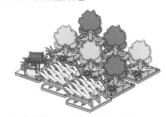

図3・4　無住維持型集落のイメージ
神社は歴史的連続性が強固であることを示している

下位類型はなし：集落振興の基盤は保持

　話の複雑化を避けるため、下位類型はできるだけ少なくしたい。無住維持型
集落、後述の単純維持型集落、混住型集落、拡大型集落、入れ代わり型集落、
拡大混住型集落については、やや甘い設定かもしれないが、基幹戦力が健在と
いうことで、いずれも「（創意工夫と不断の努力により）集落振興の基盤は保持
されている」と考える。つまり、それらについては、前述のような「下位類型」
も存在しない。

財政にやさしい無住維持型集落

　無住維持型集落は、文字どおり無住集落であり、常住人口にカウントされる
「住民」がいることを前提とした高度な行政サービスを必要としない。前述のと

おり、A集落は雪国に位置している。そのため、無住維持型集落となった場合、「頻繁な除雪」の必要性が大幅に低下する(除雪は全く不要という意味ではない)。また、「冬季は通行止めでよい」と割り切ることもできる。ただし、冬季閉鎖の場合は、雪下ろしをしなくても大丈夫な家屋が必要となることを付け加えておく。「軽トラで到達できればよい」と割り切れば、道路の整備水準、管理水準も低めでよいということになる。家庭ゴミの回収が不要になる可能性もある。

　「そのような考えは、財政優先の切り捨てにつながる」というご批判を受ける可能性もあるが、単なる事実として、無住維持型集落は財政にもやさしいことを付け加えておきたい。その点についていえば、程度の差はあるが、自然回帰型国土(下位類型の両方)にも当てはまる。

無住維持型集落も「有期限」

　無住維持型集落については、高関与外部住民の「通い」がいつまで継続するかがポイントになるが、過度の期待は禁物と考えるべきであろう。その点については、先ほども登場した甲斐友朗氏らの研究が参考になる。同氏らは、現在の担い手による長期的な「通い」の継続、現在の担い手の子孫が中心となって「通い」の継続を担うことを期待することの両方について、「難しい」と判断している[*5]。とはいえ、例えば、40歳代の高関与外部住民がいるということなら、30年は大丈夫であろう。30歳代がいるなら40年は安泰といってよいのではないか。

(4) 単純維持型集落:高関与住民だけの現住集落

　単純維持型集落は、高関与住民だけが「いる」という現住集落であり、よしあしはさておき、最もシンプルな形である(図3・5)。A集落の初期状態は、単純維持型集落である。

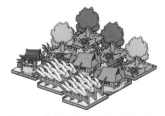

図3・5　単純維持型集落のイメージ　古い家屋は高関与住民を示している

(5) 混住型集落:高関与住民と低関与住民が同じ場所に混住

　混住型集落は、高関与住民と低関与住民の両方が「いる」という現住集落(高関与外部住民は「いない」)である(図3・6)。都市農村整備に明るい方であれば、都市近郊で見られる農家と非農家の「混住化問題」(性格の異なる住民が同じ地域に住むことによって生じる問題)が頭をよぎるところかもしれない。混住型集落の「混住」の2文字は、まさにその「混住化(問題)」から持って

きたものである。

　なお、「改訂版農村整備用語辞典」の「混住
社会」（一つの集落の中で農家と非農家が混ざ
りあって居住する地域社会）に関する項目で
は、「新住民（筆者補足：文脈から考えると
「非農家」）の割合が（中略）30％を越える状

図3・6　混住型集落のイメージ

況になると、農家主導の集落運営が難しくなる（後略）」と記されている[*11]。混
住型集落を形成する場合は、その種の問題に注意する必要がある。

（6）拡大型集落：集落内外の両方から守る形

高関与住民と高関与外部住民が支える現住集落

　拡大型集落は、高関与住民と高関与外部住民の両方が「いる」という現住集
落（低関与住民は「いない」）である。なお、拡大型集落の具体例については、
3・1・7で紹介する。

「修正拡大集落」との関係

　拡大型集落に近い概念を二つ紹介しておきたい。一つ目は、前述の徳野氏の
「修正拡大集落」であり、要点をいえば、「『元の集落に通う他出子』が居住する
マチ」と「元の集落（ムラ）」を合わせたものである[*7]。細かいところまで見れ
ば、完全に一致しているわけではないが、本書の「拡大型集落」は、徳野氏の「修
正拡大集落」と重なるところが大きい。

「拡大コミュニティ」との関係

　二つ目は「拡大コミュニティ」である。被災地の復興に関するものであるが、
2012年秋、農村計画学のリーダー的な研究者の一人である広田純一氏が企画し
た検討会で、「拡大コミュニティ」（中山間地域全般でも有効）というものが議
論された[*12]。「拡大コミュニティ」については次のように説明されている。

> 　拡大コミュニティとは、こうした定住人口の減少をやむを得ないものと考
> えた上で、その地域を支え続けられるようなコミュニティを地域外に拡大
> できないかという考え方である。[*12]

　シンポジウムの紹介のためか、若干あいまいな説明であるが、「考え方」自体

ではなく、「そのような考え方に基づいた新しいコミュニティ」ということでよいであろう。拡大型集落は拡大コミュニティにも近いといえる。ただし、拡大コミュニティの概念は非常に広く、震災における市区町村レベルの援助も「拡大コミュニティの仕組みの一種」とされている*12。

　なお、拡大型集落や修正拡大集落にも当てはまることであるが、集落や地域の活力を外部に求めるという考え方自体は、古くからのものであり、目新しいものではない。

（7）入れ代わり型集落：高関与外部住民と低関与住民の現住集落

　入れ代わり型集落は、高関与外部住民と低関与住民の両方が「いる」という現住集落（高関与住民は「いない」）であり、8類型のなかでは最もイメージしにくく、現在の感覚でいえば、かなり特殊な形である。

　現時点で筆者は「入れ代わり型集落」の具体例をあげることができないが、浅原氏が調べた長野県伊那市（旧高遠町）芝平*13が、それに当てはまる可能性がある。芝平の分析については今後の課題としたい。

（8）拡大混住型集落：すべてが「いる」という現住集落

　拡大混住型集落は、高関与住民・高関与外部住民・低関与住民のすべてが「いる」という現住類型である。8類型のなかでは一番恵まれた状態といってよいであろう。

　少し複雑になったので、ここまでの話を表3・6にまとめた。余談になるが、

表3・6　集落類型の定義と追加の設定

集落類型名	集落の基幹戦力		低住	集落振興の基盤	
	高住	高外住		現状	未来
基盤保持型の自然回帰型国土					危うい
基盤消滅型の自然回帰型国土				多くが消滅	
基盤保持型の個人維持型居住地			いる		危うい
基盤消滅型の個人維持型居住地			いる	多くが消滅	
無住維持型集落		いる			
単純維持型集落	いる				
混住型集落	いる		いる		
拡大型集落	いる	いる			
入れ代わり型集落		いる	いる		
拡大混住型集落	いる	いる	いる		

・高住：高関与住民。高外住：高関与外部住民。低住：低関与住民。「住民」の部分の空白は「いない」。

表3·6をじっくり眺めるだけでも、少し希望が出てくるのではないか。これまでの視野（活性化か全滅か）がいかに狭いものであったかが実感できるはずである。その表を使うことで、多種多様な可能性が内包された議論を展開することが可能となる。

7 小松市西俣町：拡大型集落（あるいは拡大混住型集落）の好例として

（1）小松市の山間地域に位置する小さな現住集落

拡大型集落は、本書のキーワードの一つといってよい。そこで、拡大型集落（あるいは拡大混住型集落）の好例として、石川県小松市の山間地域に位置する西俣町を紹介しておきたい[*14]。なお、厳密にいうと西俣町はいくつかの小集落に分かれているが、そのレベルについては区別しないこととする。

小松市役所から西俣町までの距離は18.6km（車で30分）であり、同町の標高は124m、年最深積雪は79cmである。西俣町（旧・西尾村西俣）の規模は、1889年（明治22年）の段階で戸数104・人口618であった[*15]。しかし、2015年の国勢調査（総務省統計局）では11世帯17名、2020年の国勢調査（同）では7世帯12名となっている（いずれも、西俣町鳥越、西俣町滝上、西俣町、西俣町茗ケ谷の合計）。なお、2021年には、地域おこし協力隊員が住み始めている[*16]。

（2）国勢調査の人口と釣り合わない「西俣町の活力」

放棄されたと思われる耕地が目立つが、西俣町は、自然豊かな農村であり、中心をつらぬくように小さな川、梯_{かけはしがわ}川水系の西俣川が流れている。図3·7は、後述の西俣キャンプ場・西俣自然教室を空から撮影したものである。上流に別

図3·7　西俣町の西俣自然教室および西俣キャンプ場（2018年撮影）

図3·8　西俣川：川への接近が容易な場所

図3・9　西俣自然教室

図3・10　西俣ふるさと祭りの会場

図3・11　筆者のゼミの学生が実施した「大声コンテスト」

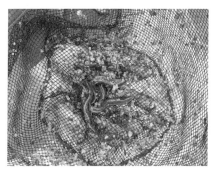

図3・12　養殖中のドジョウ

の集落がないこともあって、水質は良好である。川に近づくことが容易な場所も多い（図3・8）。子どもの遊び場としては絶好の条件を備えているといってよいであろう。

　また、西俣町ではいわゆる交流活動が活発である。集落内には西俣キャンプ場、宿泊可能な西俣自然教室（図3・9）があり、広場や子どもたちの遊具も充実している。なお、西俣自然教室は、旧・西俣小学校の校舎を利用したものである[15]。

　新型コロナウイルス感染症の影響で近年中止となっているが、西俣町の最大の見せ場は、毎年8月14日に開催される「西俣ふるさとまつり」であろう。その日は西俣自然教室付近の景色が一変する（図3・10）。筆者が見たかぎり、西俣ふるさとまつりで子どもたちに最も人気のイベントは西俣川でのイワナのつかみ取りである。筆者のゼミも、2018年・2019年と連続してブースの一つを担当し、いくつかの小イベントを行っている（図3・11）[17]。そのほか、むらお

こしの一環として、ドジョウの養殖
（図3・12）、ドジョウ料理のレシピ開
発も行われている（図3・13）。

（3）「高関与外部住民」の活躍

　西俣町では、「高関与外部住民」と
思われる人々が「住民共同活動」（こ
の場合は、草刈り・水路掃除・お祭
り）の非常に大きな戦力になってい

図3・13　ドジョウ料理の試食会で出た料理の一つ

るようである（北氏へのインタビュ
ーより＊18）。「通い」の力が非常に大きいということである。無論、「高関与住
民」と思われる人々も集落の維持活動に参加している（同）。さらなる精査が必
要であろうが、筆者は、西俣町を「拡大型集落」（あるいは「拡大混住型集落」）
と考えている。

（4）西俣町の課題：次の担い手の育成

西俣ふるさとまつりの貢献

　西俣町の維持を考える上で重要な「通い」については、その世代交代が非常
に重要な課題となる。ここでは、西俣ふるさとまつりにより、「転出した西俣町
出身者の子ども世代（西俣町の常住人口としてカウントされない）」に、同町で
の楽しい思い出が蓄積されつつあることを指摘しておきたい。いささか楽観的
かもしれないが、蓄積された楽しい思い出が「西俣町を守ろう」という行動に
昇華するのではないかと筆者は考えている＊19。

　昨今、「お祭り」というと、縁もゆかりもない人との交流、新しい住民や顧客
を増やすためのイベントといったイメージが強いかもしれない。それを否定し
ようとは思わないが、筆者としては、「親戚縁者どうしの結束」「人と土地の結
束」を強化する手段として「お祭り」に注目することを推奨したい。

人間関係強化のための「名札の工夫」

　細かいことであるが、西俣ふるさとまつりの際、運営などで汗を流すコアメ
ンバーは「自分が関係する家の屋号」と「その家の中心人物との親戚関係（例
えば孫）」が記された名札をかかげている。単なる名札一つであるが、「お祭り
を人間関係強化の場にしたい」という強い意志がにじみ出ている。

戦略マップ上での「マルチシナリオ式の集落づくり試論」

　本節では、前節の設定を引き継ぎ、A集落の未来や可能性を多角的にみる。主なシナリオ群は、次の3点、①遠くの大都市の人材に目を向けた「いわゆる活性化」（攻め重視）、②時間をかけて歴史継承型の自然回帰型国土まで「撤退」（守り重視、非常に厳しい状況が続く場合）、③拡大型集落まで「撤退」（攻めと守りのバランス型）である。そのほか、「まとまって引っ越す」（集落移転）という選択肢についても触れる。

1　戦略マップで考えるA集落の可能性

（1）A集落の初期状態

　関連事項の設定が非常に長くなったが、本節では、いよいよ、マルチシナリオ式の集落づくり試論の本体に入る。A集落の初期状態は、次の7点、「①雪国に位置する」「②片道30分程度のところに市街地がある」「③古くからの集落」「④常住困難集落」「⑤生活上の困難に伴う遠方への四散的な転出が見られることがある」「⑥担い手は高関与住民のみで、その大多数が高齢の農家の住民」「⑦単純維持型集落」である（はじめの説明から追加されたのは⑥および⑦）。

（2）初期状態のA集落の可能性

このままでは「基盤消滅型の自然回帰型国土」になる可能性も

　A集落としては、「抜本的な改革を行うことなく、このまま単純維持型集落にとどまる」を選択したいところかもしれない。しかし、無為無策の場合、数十年後は、基盤消滅型の自然回帰型国土に転落している可能性が高い。A集落はこれからどうなるのか。A集落の当事者の気持ちになって、「とにかくがんばる」系以外の対応策を少し考えてみてほしい。

「戦略マップ」の登場：この先の可能性を一望

　図3・14は、集落類型間の関係を整理した図（以下、その種の図のことを「戦略マップ」という）であり、集落類型は点線の部分を通って変化すると考える。

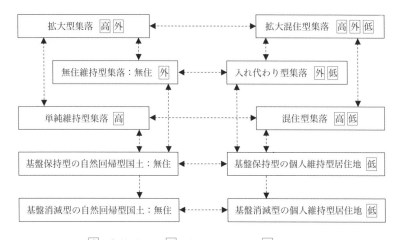

高：高関与住民、 外：高関与外部住民、 低：低関与住民

図3・14　戦略マップ

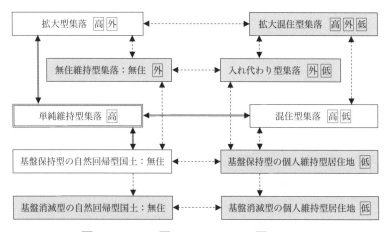

高：高関与住民、 外：高関与外部住民、 低：低関与住民

図3・15　単純維持型集落からの可能性
二重線のボックスが現状、現状以外の白いボックスは「次の一歩」の候補

　ただし、点線のなかには、元に戻るのが難しい「片道の矢印」もあり、そこを
通るには、相当の覚悟が求められる。
　A集落の初期状態からの「一歩先」を確認しておこう（図3・15）。「一歩先」
として考えられる集落類型は、基盤保持型の自然回帰型国土、混住型集落、拡
大型集落である。そのほか、「まとまって引っ越す」（集落移転）という手法で、

表 3・7　移転を伴わない集落再編成をしてよかった点

よかった点	複数回答 3つまで［%］
自分の集落の人口や世帯数が増えた	31.6
公民館や集会所などを利用した集落活動や交流が多くなった	31.6
集落内の共同作業や役まわりなどが楽になった	28.6
日常生活での人との付き合いやつながりが増えた	26.5
冠婚葬祭における人々の協力・助け合いが強くなった	14.3
行政から集落への協力や支援が増えた	9.2
医療や福祉サービスが受けやすくなった	4.1
自然災害や積雪などによる不安が少なくなった	2.0
集落に支払う会費負担が少なくなった	2.0
その他	1.0

・かっこ内は回答者数の 98［人］に対する選択率。
・調査対象：近年に移転を伴わない集落再編成を実施した集落の住民 200 人。
出典：総務省自治行政局過疎対策室『過疎地域等における集落再編成の新たなあり方に関す
る調査報告書（平成 13 年 3 月）』2001（114 ページ、図 V-6 より抜粋）

一気に無住維持型集落などに移行することもできるが、それについては **3・2・5** で説明する。

(3) 極端な「他力本願」は考えない

　次項から、マルチシナリオ式の集落づくり試論に入るが、その前にもう一つ、重要な制限を一つ加えておきたい。ここでは、当事者以外の力に著しく頼るようなシナリオ、例えば、「近隣集落の即戦力を引き込むための集落の合併」「遠方の大都市の住民が大きく変化し、突如として農村を手厚く支援するようになる」系のシナリオには触れないこととする。一口でいえば、「自分たちの集落の未来を切り開くのは、あくまで自分たちである」ということである。

　参考のため、移転を伴わない集落再編成の効果を表 **3・7** に示す。住み続ける上で重要と思われる「医療や福祉サービスが受けやすくなった」や「自然災害や積雪などによる不安が少なくなった」に関する評価は芳しくないようである。

2　遠くの大都市の人材に目を向けた「いわゆる活性化」のシナリオ群

(1) 低関与住民を増やす

　本項のテーマは、「いわゆる活性化」の王道ともいうべき「遠くの大都市の人材に目を向ける」である。「大都市から、A 集落に縁もゆかりもない若者を呼び

寄せる」を起点としたシナリオ群について、できるだけ楽観的に考えることを試みる。ただし、一般論としていえば、大都市から若者を呼び寄せ、住み続けてもらうことは容易ではない。

（2）大都市から若者を呼び寄せることの難しさ

最大の障壁は「生業の創出」

すでに安定的な仕事を持っている人を誘致する場合はさておき、この場合は「生業の創出」が非常に大きな課題となる。農村の高齢者の日々の暮らしをみていると、「水と土、インターネットとわずかなお金があれば農家として生活できるのでは」と思ってしまうかもしれないが、それは誤解といわざるをえない。**1・2・3** で「（山間農業地域の農家の）主産業は年金等の収入」と述べたことを思い出してほしい。当たり前であるが、若い世帯には年金が支給されない。加えて、若い世帯には財産もないことが多い。

不利な状況はそこだけではない。若い世帯は、子どもの教育で膨大な資金を必要とすることがある（特に子どもが大学にいる間）。「子どもは独立済み＋ある程度の財産あり＋年金あり」という恵まれた高齢者の「お小遣いかせぎ」の感覚で考えることは禁物である。無論、高齢者の生きがいのための「お小遣いかせぎ」そのものを否定するつもりはない。ただし、ここでの議論は「若い低関与住民を増やすための生業づくり」であることを強調しておきたい。

年功序列・終身雇用の感覚を持ち込まない

生業の創出において、毎年自動的に給料が上がり続ける「年功序列・終身雇用」の感覚を持ち込むことは非常に危険である。ふつうの会社員や公務員の場合、若者の所得といえば、一人がぎりぎり生活できるレベルであろう。そこだけをみれば、農村で、若者が生活できるだけの生業をつくることは、さして難しくないようにも見える。しかし、ふつうの会社員や公務員の場合、所得は毎年自動的に上がり、自分の子どもが大学に通うころには、それができるだけの金額になっていることが多い（この先、いつまで続くか一抹の不安を覚えるところではあるが）。一方、一から創出した生業となると、そのような確実な所得の向上は期待できないと考えたほうが無難である。生業の創出については、「生涯の所得」という視点で考えることが非常に重要である。

農業で生活を維持することの難しさ

1・2・3で述べたように、小学校のプール約66個分（199.3a）の耕地をかき集めても、水田作経営で大きな農業所得を得ることは難しい（平均では年間約41万円）。野菜作経営であれば、比較的狭い面積でも高い農業所得を得ることができるが、多種多様なハードルがあり、一朝一夕でどうにかなるものではない。

なお、松下氏・鈴木氏（著書『夢で終わらせない農業起業』）[20]は、JA農産物直売所に注目し、「Iターンの新規就農先」について次のように述べている。数字そのものは絶対的なものではないが、一つの目安になるであろう。

> 住宅地から直売所まで片道10キロ以上かかるとか、そもそも直売所の立地する土地の消費者人口が10万人以下であるといったような新規就農地では、Iターン新規就農者の就農は、難しいとみたほうが良さそうです。[20]

関東地方で人口10万人といえば、大した人数ではないかもしれないが、過疎地を抱えるような地域の感覚で考えると、上の条件を満たすところは少ないと思われる。なお、前述の引用元の『夢で終わらせない農業起業』は、「実家が農家のUターン就農」と「非農家からのIターン就農」を区別し、主として後者に向けての有用な情報を掲載した良書である。一度、お読みになることを推奨したい。なお、学術的な定義は確立していないと思われるが、都市に転出した人が出身地に戻ることを「Uターン」、都市住民が「縁もゆかりもない地方」に移住することを「Iターン」という。

住まいの確保も容易ではない

追い打ちをかけるような感じになるが、住まいの確保も容易なことではない。『撤退の農村計画』第3章第1節[21]には、執筆担当の西村俊昭氏が農村への移住で苦労した様子、空き家があっても借りることは難しいといった状況が描写されている。

(3)「圧倒的な成功」へ：初期（単純維持型集落）から混住型集落へ

一般論として、大都市からA集落に、縁もゆかりもない若者を呼び寄せることは、容易ではない。A集落が常住困難集落であることを考慮すると、非常に難しいというべきであろう。ただし、ここは自由な想定が許された世界である。

突如として天才的なコーディネーターが現れ、「古民家のカフェ」「IT関連の小さなオフィス」といった若者向けの今風の仕事が増え、「縁もゆかりもないが、商才のある若者」が大都市から続々と転入し、そのまま定着する（低関与住民が増加する）という「バラ色の未来」を考えてみよう。

A集落は、単純維持型集落（高関与住民だけが「いる」）から混住型集落（高関与住民と低関与住民が「いる」、高関与外部住民が「いない」）に移行することになる。

（4）冷静になって長い時間スケールでの意義を考える

「圧倒的な成功」の次の手は

高関与住民の減少が無視できるほどの「短期的な時間スケール」でみた場合、低関与住民の増加は、集落の常住人口の急増を意味する。前述の「バラ色の未来」は、「いわゆる活性化」としては圧倒的な成功事例といってよいであろう。

しかし、そのような華々しい「戦術的勝利（≒一つの取り組みにおける成功）」に酔って思考を停止させてはいけない。本書が想定するような非常に長い時間スケールでの生き残りで大切なことは、「そのあとの集落の姿がしっかりと見えているか」である。

縁もゆかりもない若者の転入によって混住型集落に移行したA集落は、この

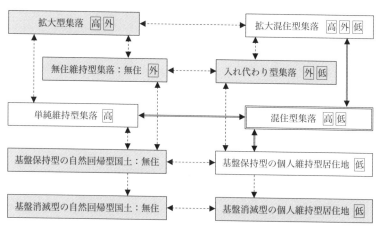

高：高関与住民、　外：高関与外部住民、　低：低関与住民

図3・16　混住型集落からの可能性

二重線のボックスが現状、現状以外の白いボックスは「次の一歩」の候補

先どうなるのか。まず、混住型集落からの可能性、図3・16を見てほしい。現状では、このまま混住型集落にとどまる可能性、基盤保持型の個人維持型居住地、単純維持型集落、拡大混住型集落のいずれかに移行する可能性がある。

高齢者の生活上の悩みが解決するか

やや細かいことになるが、このような形で単純維持型集落から混住型集落に移行しても、生活上の困難に伴う「高齢者の遠方への四散的な転出」が即座になくなることはないと思われる。日常の感覚で冷静に考えてほしい。助け合いということで除雪や草刈りが多少楽になる可能性はあるが、「古民家のカフェ」「IT関連の小さなオフィス」などができた程度で高齢者の通院や介護の悩みが緩和するとは思えない。なお、念のため付け加えておくが、カフェやオフィスそのものを否定しているのではない。

（5）初期状態（単純維持型集落）→混住型集落→そのまま持続

混住型集落に移行したA集落の未来について、少し掘り下げてみよう。楽観的に考えた場合、高関与住民の世代交代が進み、混住型集落としてそのまま持続するという未来を描くことができる。考えられるシナリオは次の2つである。①低関与住民の動きに触発され、外部縁者またはそれに近い人材が転入し、新たな高関与住民として定着する。②低関与住民の一部が、古くからの集落の慣習（相互扶助の重圧、厳しい相互統制なども含む）になじみ、高関与住民に変化する。ただし、②の形については相当の年月が必要とみるべきであろう。なお、ここでは踏み込まないが、①②のどちらを重視するかで必要な対応策も変わってくる。

どうであろうか。長いスケールで考えた場合、「単純維持型集落（初期状態）→混住型集落（最終形）」という単純ルート設定であっても、前述のような「低関与住民の劇的な増加」は単なる「通過点」にすぎない。「勝負はまさにそこから」といってもよい。ほかの場合にもあてはまることであるが、個々の戦術的勝利や戦術的敗北（≒一つの取り組みにおける失敗）で一喜一憂することは禁物である。

（6）初期状態（単純維持型集落）→混住型集落→拡大混住型集落

楽観的にみた場合、混住型集落から拡大混住型集落（高関与住民・高関与外部住民・低関与住民のすべてが「いる」）に移行することも考えられる。その形

まで発展できた場合、集落の生き残り上の安定感は大きく向上する。

(7) 基盤消滅型の個人維持型居住地への移行も考えられる

「できるだけ楽観的に考える」という趣旨から外れるが、悲観的な場合についても一応言及しておきたい。悲観的にみた場合、高関与住民がいなくなり、混住型集落から「基盤保持型の個人維持型居住地（低関与住民だけが「いる」）」に移行することも考えられる。A集落の雰囲気は大きく変化し、集落振興の基盤も危うい状況に陥る。

さらに、その状態から集落振興の基盤の多くが失われた場合、A集落は基盤消滅型の個人維持型居住地に転落することになる。地名は残るであろうが、古くからのA集落を取り戻すことは不可能に近くなる。

そのほか、短期間のうちに、低関与住民が全員転出し、振り出しである単純維持型集落に戻ることも考えられる。ここでは、これ以上踏み込まないが、筆者としては、全体として楽観的に考える場合でも、悲観的な可能性を想定し、対策や次善策を整えておくことを推奨したい。「起こってほしくないから悲観的な可能性は考えたくない、考えない、考えてはいけない」といった極端な思考は建設的ではない。

(8) 避けることができない「混住化問題」対策

細かいことになるが、もう一つ関連事項に言及しておきたい。高関与住民は農家であるが、この場合の低関与住民の多くは非農家（家庭菜園レベルのことはするかもしれないが）となる可能性が高い。そのため、時間スケールの長短に関わらず、「遠くの大都市の人材に目を向ける」系のシナリオでは、「混住化問題」対策が必要になる可能性が高い。早い段階から、非農家が増加した状態を想定した集落運営の新しいルールづくりを行うことを推奨したい。

3 時間をかけて基盤保持型の自然回帰型国土まで「撤退」するシナリオ群

(1)「リセット」をかけて別系統の未来を検討する

A集落のすべてを初期状態に戻し、別系統の未来について考えてみよう。「シミュレーション」的にいえば、「リセットをかける」である。なお、少しそれるが、筆者より上の世代では、「人生にリセットはない（テレビゲームではない）」という感じで「リセット」が否定的にみられることがある。確かに、リア

ルの話であれはそのとおりである。しかし、「多種多様な可能性をみる」ということなら、「リセット」の回数は、多いほどよいと考えるべきであろう。

　さきほどと異なり、このシナリオ群の検討では、「非常に厳しい状況が続く」と想定する。本項では、集落振興の基盤の弱体化を防ぐ方法を考え、実践し、時間をかけて、基盤保持型の自然回帰型国土（高関与住民・高関与外部住民・低関与住民のすべてが「いない」）に移行し、そのまま維持するような「撤退」型のシナリオについて考えてみよう。無論、「再興」にも言及する。

（2）集落振興の基盤を保持するために：最大級の対策が必要

　単なる成り行き任せで自然回帰型国土に移行する場合はさておき、「撤退」となると、考えるべきこと、やるべきことは非常に多い。

　まず、常住人口が減少するなかで（ゼロになった場合も含む）、土地の土木的可能性、土地の権利的可能性、集落の歴史的連続性、集落における生活生業技術を保持する方法を考え、実践する必要がある。なお、基盤保持型の自然回帰型国土は、集落振興の基盤を保持している類型のなかでは最も厳しい形と考えられるため、対策も最大級のものとなる。

　もう少し細かくみていこう。歴史的連続性を保持するための具体的な対策の候補としては、「精神的なよりどころ（例：神社のご神体）の移転」「集落に関する石碑の建立」「石碑以外の記録づくり（冊子は国立国会図書館や地元の図書館にも寄贈）」「元・高関与住民を中心とした団体の立ち上げ」などが考えられる。ただし、歴史的連続性の定義は集落により異なることに注意が必要である。

　緊急度でいえば、土地の権利的な可能性の確保が急務であろう。できるだけ早く所有者などを調べ、いつでも連絡をとることができるようにすべきである。

　100点満点は無理であろうが、土木的な可能性の保持も重要である。例えば、将来的に何かを建設するということでは、再利用の見込みがほとんどない廃屋類は撤去したほうが望ましい。水生生物の研究者からお叱りを受けるかもしれないが、決壊を防ぐため、ため池のたぐいについては、堤を切ってしまうことも検討すべきであろう。

　なお、どれだけ厳しい状況になったとしても、表土だけは確実に守るべきである（2・2・1）。例えば、何らかの理由で生じた裸地の緑化、土壌侵食の心配のあるヒノキ人工林を針広混交林へ変更（1・3・2）することを検討すべきである。

「ふるさとが知らぬ間に太陽光パネルのゴミの山」といったことにならないよう「住民による土地利用のルールづくり」も急務であろう。

生活生業技術については、残念であるが、「すべてを保全することは難しい」と考えるべきであろう。その上で、重点的に守るべきものを選定し、再現可能な記録づくりに取り組む必要がある。なお、生活生業技術の保全については、4・3・3でも言及するので、そちらも参考にしてほしい。

（3）ほかの場合でも対策を

前述の対策は、「基盤保持型の自然回帰型国土」に移行することを前提としたものであり、対策のなかでも最大級（最もやるべきことが多い）のものであるが、それ以外の場合でも参考になるはずである。集落振興の基盤が健在の場合、このシナリオの場合にかぎらず、現状をこまめにチェックし、適宜、対応することを強く推奨したい。

（4）無住化までの「日常生活の保持」

A集落の話に戻す。次は、無住化までのA集落での日常生活の保持である。公助（公的機関による支援）・共助（助け合い）を含め、「誰が」「どのようなサポートを」「どのような対価を受けて」「いつまで」提供するのかについて議論する必要がある。過信は禁物であるが、デジタルの力も頼りになる。なお、当たり前であるが、「共助」と称して、比較的若い人材に無償かつ無期限の作業を押しつけるようなことは厳禁である。

（5）「むらおさめ」と重なるところが大きい

「集落振興の基盤の保持について見直し、時間をかけて、基盤保持型の自然回帰型国土に移行し、そのまま維持」というシナリオについては、過疎対策のリーダー的な研究者の一人、作野広和氏の「むらおさめ」と重なるところが大きい。筆者が知るかぎり、「むらおさめ」が文献に登場したのは、同氏の2006年の論考[22]であるが、最近の文献では次のように定義されている。少し長くなるが、引用しておきたい。

> 「むらおさめ」とは、「集落の小規模・高齢化により、集落機能が著しく低下ないしは消失し、当該集落の無居住化が確実視される状況において、行政機関や他地域の住民・団体が積極的に関わりを持ち、居住者のQOL（生

活の質）を維持するとともに、無居住化までに実施すべき集落保全活動を積極的に行っていく主体的行動」である。[*23]

　また、同氏は、「むらおさめ」の具体的活動として、「集落住民に対するターミナルケア」「集落保全活動（地域資源の計画的保全・管理、集落アーカイブ）」をあげている[*23]。「誰が、いつまで、どこまで、どのように維持するか、ケアするか」となると、意見が分かれるであろうが、非常に現実的な手法である。

（6）「再興」という可能性が残る

　基盤保持型の自然回帰型国土に移行し、ある程度安定したとしよう。その場合、決して容易なことではないが（どちらかといえば難しいが）、A集落には、「再興」という可能性が残る。ここで再興が成功すれば、まさに「撤退して再興する集落づくり」ということになる。

　図3・17（基盤保持型の自然回帰型国土からの可能性）を見てほしい。基盤保持型の自然回帰型国土からの「再興」については、「①高関与住民が増えて単純維持型集落になる形」「②低関与住民が増えて基盤保持型の個人維持型居住地になる形」の二つがある。ただし、集落の今後の持続性を考えれば、基幹戦力の回復を意味する①の「再興」が望ましい。

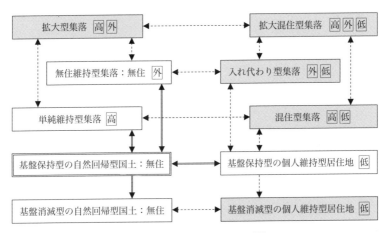

高：高関与住民、　外：高関与外部住民、　低：低関与住民

図3・17　基盤保持型の自然回帰型国土からの可能性
二重線のボックスが現状、現状以外の白いボックスは「次の一歩」の候補

さらにいうと、「好機」が到来した場合、高関与外部住民を増やし、無住維持型集落（高関与外部住民だけが「いる」）に向かうことも可能である。高関与外部住民は常住人口にカウントされないため、この形は、本書が定義する「再興」には入らない。ただし、無住維持型集落への移行は、基幹戦力の回復を意味するため、状況は大きく改善するはずである。まずは無住維持型集落に向かうという作戦もわるくない。

　どうであろうか。従来型の感覚でみた場合、無住化は、集落づくりの「絶望的な終着駅」というべき状況である。しかし、本書の感覚でいえば、無住化は、決して「終着駅」ではない。

(7) 「尊厳ある閉村」もありうる

　とはいえ、よいことばかり書くわけにもいかない。創意工夫をこらしたとしても、集落振興の基盤は、時間の経過とともに、少しずつ損なわれると考えるのが無難である。可能性の一つとして、基盤消滅型の自然回帰型国土への移行、つまり、集落の「終わり」についても考えておく必要がある。

　ただし、将来的にそうなったとしても、それは「尊厳ある閉村」と呼ぶべきものであろう。例えば、歴史的連続性が断絶したとしても、「集落に関する石碑」「図書館に寄贈された冊子」があれば、それらは半永久的に残ることになる。「土地の状況」という側面からみた場合、再度、開拓することも難しくはない。再現可能な生活生業技術の記録は、有事の際、多くの国民の命を救うことになるであろう。何も手を打たず、成り行き任せで「終わり」を迎えた場合とは、天と地ほどの差が出ると思われる。

4　拡大型集落まで「撤退」するシナリオ群：攻めと守りのバランス型

(1) 拡大型集落を目指す

　再び「リセット」をかけ（A集落のすべてを初期状態に戻し）、さらに別系統の未来を考えてみよう。本項では、まず、高関与外部住民の誘致にエネルギーを注ぐことを考える。当面のゴールは拡大型集落である。なお、高関与外部住民もA集落の基幹戦力である。

(2) 高関与外部住民の誘致や定着には「息の長い取り組み」が必要

　高関与外部住民の有力候補は、A集落の近くに居住する外部縁者と考えるの

が自然であろう。それに対し、「外部縁者に高関与住民になってもらうほうがよいのでは」という疑問が生じるかもしれない。しかし、いかにA集落とのつながりの強い外部縁者とはいえ、いきなり、A集落への移住（生活様式の大幅な変更）を求めるというのは、かなりハードルが高い。外部縁者の立場で考えれば、高関与外部住民への移行、「現在の生活様式を維持したまま」のほうがはるかに現実的であろう。

　どのような人材に注目する場合でも、高関与外部住民の誘致や定着には息の長い取り組みが必要であろう。外部の人材の、A集落に対する「ふるさと感」「帰属意識」などを強めるためのワークショップやイベントの開催、交流のための拠点づくり、高関与外部住民の活躍を前提とした「集落の自治に関する新しいルールづくり」など、やるべきことは無数にある。即戦力がほしいところかもしれないが、次世代を担う子どもたちに注目することも非常に重要である。

　なお、現実の小集落では、「特に意図したわけではないが、拡大型集落に移行していた」という場合も少なくないと筆者は考えている。ただし、その場合であっても、高関与外部住民・高関与住民ともに、成り行き任せで世代交代が進むとはかぎらない。油断は禁物である。

（3）初期（単純維持型集落）から拡大型集落へ

　高関与外部住民を増やすことも容易ではないと思われるが、ある程度の年数をかけて、「高関与外部住民が十分な人数となった」として議論を進めよう。A集落は、高関与住民と高関与外部住民が「いる」、低関与住民は「いない」、すなわち、拡大型集落へと移行したことになる。

（4）拡大型集落の強み

基幹戦力や集落振興の基盤は当面安泰

　「現在」のA集落は、「高齢者中心の高関与住民」「若手を含む高関与外部住民」という二種類の基幹戦力が共同で守る「拡大型集落」である。拡大型集落から高関与住民がいなくなると無住維持型集落に移行することになるが（図3・18）、いずれにしても、基幹戦力や集落振興の基盤は当面安泰と考えてよいであろう。無論、油断は禁物である。繰り返しになるが、この試論の対象は、常住困難集落である。「ここまで来ればもう安心（気を抜いてよい）」という瞬間はないと考えたほうが無難である。

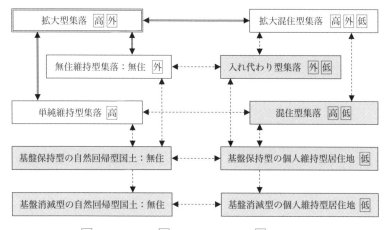

高：高関与住民、　外：高関与外部住民、　低：低関与住民

図3・18　拡大型集落からの可能性
二重線のボックスが現状、現状以外の白いボックスは「次の一歩」の候補

　なお、高関与外部住民は、常住人口にカウントされない。そのため、単純維持型集落から拡大型集落に移行する期間も、移行したあとも、A集落の常住人口は少しずつ減少し続けると考えるのが自然であろう。一方、前述のとおり、集落振興の基盤は当面安泰である。そのため、一見、奇妙かもしれないが、「（単純維持型集落から）拡大型集落への移行、移行後の維持も、本書が定義する「撤退」とみることができる。

無住化保険がかかった状態

　「現状」（拡大型集落）は、初期状態（単純維持型集落）と比較すると、無住化に強い集落といえる。初期状態（単純維持型集落）から無住化すると（高関与住民がいなくなると）、基盤保持型の自然回帰型国土に転落し（図3・15）、集落振興の基盤も危うくなる。一方、「現状」（拡大型集落）からの無住化（高関与住民がいなくなる）の場合、無住維持型集落に移行することになるが、高関与外部住民が残っているため、基幹戦力は健在であり、集落振興の基盤も安泰である。少し大げさかもしれないが、「無住化しても大丈夫」ということであり、筆者の感覚でいうと、「現状」（拡大型集落）は「無住化保険がかかった状態」というべきものである。また、そのようにみると、初期状態（単純維持型集落）から「現状」（拡大型集落）への移行は「無住化保険をかける」と表現すること

もできる。なお、無住化に強いという点では、拡大混住型集落も同様である。

　ここでは、「保険などというと、それで集落づくりの気が緩むのでは」という意見も考えられる。しかし、それについては自動車保険の例がわかりやすいであろう。責任ある社会人であれば、自動車保険に加入したからといって安全運転について手を抜くことはない。それと同様と考えてよいのではないか。

（5）拡大型集落の強みを生かす

「再興」のシナリオ：時間的な余裕を生かす

　「高齢者中心の高関与住民」＋「若手を含む高関与外部住民」の「拡大型集落」となったA集落には、このあとどのような可能性があるのか。本章が想定するような非常に長い時間スケールの集落づくりでは、高関与外部住民の増加も、一つの通過点にすぎない。戦術的勝利に酔うことなく、その先の可能性を考えてみよう。

　筆者の感覚でいえば、「今」は無理をせず、追い風が確実となるまでじっくりと待ち、適宜、「再興」に向かうこと、つまり、「撤退して再興する集落づくり」を目指すのが無難である。前述のとおり、基幹戦力や集落振興の基盤は当面安泰である。「再興の好機をじっくりと待つ」は、「当面安泰」という拡大型集落（途中で無住維持型集落となる可能性もあるが）の強みを生かした選択肢といってよいであろう。

　なお、柴田祐氏・甲斐友朗氏は、無住化集落における「通い」について、大半の集落で継承は困難と予想した上で、集落を引き継ぐ次の世代や他の担い手を探す期間として大きな意味を持つと指摘している[24]。「時間」の持つ価値に関する貴重な指摘といってよい。

「攻めと守りのバランス型」へ

　さらにいうと、若手の基幹戦力を含む「拡大型集落」に移行したことで、厳しいとは思うが、常住人口の増加に向けた思い切った策を今すぐ打ち出し、全力で実行する」という選択肢も出てきた。これは、「守りを固めた」「無住化保険をかけた」からこそ浮上したぜいたくな選択肢である。

　ここで遠方の大都市の人材を誘致した場合（低関与住民として誘致した場合）、A集落は、「拡大型集落」から拡大混住型集落に移行することになる。初期状態（単純維持型集落）からみれば、基幹戦力を固めてからの大都市人材の誘致とい

うことになり、圧倒的な安心感がある。これは、初期状態（単純維持型集落）から、いきなり低関与住民を誘致し、混住型集落に移行する場合、つまり、基幹戦力がふらつくなかで、大都市人材の誘致に手を出す場合とは大きく異なる。

はじめのシナリオ群（3・2・2）を「攻め重視」、次のシナリオ群（3・2・3）を「守り重視」とするなら、高関与外部住民の誘致を起点としたこのシナリオ群は「攻めと守りのバランス型」とみることもできる。

常住困難集落に該当するか迷うような場合にも効果的

A集落の話から少し離れるが、高関与外部住民を確保した上で「攻め」に出るという形は、対象集落が常住困難集落に該当するか迷うような場合、「厳しいかといわれれば確かに厳しいが、常住人口を増やすことも不可能ではないような気がする」「非常に厳しい状況であるが、がんばることができるうちは、常住人口の増加に力を入れたい」といった場合にも効果的であろう。

（6）「安全志向」ということならもう一歩踏み込んだ対策を

話をA集落に戻す。若手の基幹戦力を含む「拡大型集落」は、単純維持型集落と比較して安心できる形といえる。とはいえ、無住維持型集落に移行した場合、直下に基盤保持型の自然回帰型国土が待ち構えていることに注意が必要である（図3・19）。万全を期すということなら、基盤保持型の自然回帰型国土へ

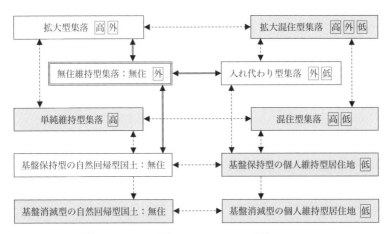

高：高関与住民、外：高関与外部住民、低：低関与住民

図3・19　無住維持型集落からの可能性
二重線のボックスが現状、現状以外の白いボックスは「次の一歩」の候補

の移行を想定した「集落振興の基盤保持に向けた対策」を考え、実行すること
を推奨したい。それについては、前項（2）と同様である。

（7）拡大型集落が中間目標：初期→拡大型集落→無住維持型集落

　最後に少し路線を変えてみよう。**2・1・9**で紹介した白山市柳原町の事例や
「季節出作り」を思い出してほしい。現状では、先進的すぎるかもしれないが、
通いだけで維持された集落、季節限定の短期的な居住だけで維持された集落も、
一つの完成形とみなしてよいのではないか。その場合、拡大型集落は「単純維
持型集落→拡大型集落→（漸進的に）無住維持型集落」という流れの中間目標
と考えることもできる。

5　自主再建型移転で一気に無住維持型集落まで「撤退」する

（1）山裾などにまとまって引っ越す：「自主再建型移転」という選択肢

　再び「リセット」をかけ（A集落のすべてを初期状態に戻し）、さらに別系統
を考えてみよう。なお、「リセット」をかけるのはこれが最後である。本項では、
3・2・1で少し触れた「まとまって引っ越す」という手法を紹介し、その後の可
能性などについて言及する。

　まずは、一般論としての自主再建型移転を概観する。自主再建型移転は集落
移転の一形態である。集落移転の基本形は、山奥などの集落の全員が、ほぼ同
時に、山裾などにまとまって引っ越すことであるが、大半は、次の三つ、「①ダ
ム工事などに伴う集落移転」「②災害に関連する集落移転」「③過疎緩和のため
の自主的な集落移転」のいずれかである。

　ここで取り上げるのは③であり、ほかと区別するため、本書では、「自主再建
型移転」と呼ぶこととしたい（7文字と少し長いので単に「移転」と略すこと
もある）。なお、災害が最後の一押しとなった「過疎緩和のための自主的な移
転」、つまり、②と③の複合形も「自主再建型移転」に含めることとする。

（2）自主再建型移転は強制ではない

　自主再建型移転は、強制ではなく、集落全員の「選択肢の一つ」にすぎない。
自主再建型移転が将来的にも不要な場合は、ひと言、「当集落には不要」という
だけで、当該集落における自主再建型移転に関する議論は完全に終了する。

　なお、自主再建型移転の実施については、「当事者が必要と思っても、当事者

からは言いだしにくい」「『自分（当事者）が決断した』ということにしたくない」という側面も考えられる。筆者は、2006年ごろから集落移転に注目しているが、注目しはじめてすぐの時期には、「過疎が極めて厳しい場合、過疎緩和のための集落移転という選択肢を示すだけでなく、場合によっては外（当事者以外）から少し背中を押すことも必要ではないか」と考えたこともあった。それが行き過ぎて強制移住につながっては困るため、現在、筆者は「程度に関わらず外から背中を押すこと」を否定している。つまり、「外」（当事者以外）に許されたことは選択肢を示すことだけ、ということになる。前述の課題（「当事者からは言いだしにくい」問題）については、いまも残されたままであり、今後も議論を続けるつもりである。

（3）自主再建型移転の効果：まとまりを維持しながら状況を立て直す

　自主再建型移転は、集落住民の地理的なまとまりをある程度維持しながら、比較的条件のよい場所、暮らしやすい場所で状況を立て直すことができるというすぐれた手法である（4・2で詳しく説明する）。「全員が転出」という意味では同じであるが、個々バラバラに四散し無住になる場合とは全く異なる。

　国や市町村からの金銭的な支援（例：過疎地域集落再編整備事業）が期待できることも大きい。過去の実施例も多く、移転した住民からも高く評価されている。なお、雪が多い地域の場合、雪との戦いが楽になることが非常に大きいと思われる。見方を変えると、雪が少ない地域の場合、暮らしの立て直しに関する移転の効果は限定的ということにもなる。

（4）自主再建型移転の使いどころ

住民の四散が急速に進む場合の緊急対策として

　もう少し一般論を続ける。自主再建型移転については、生活上の困難に伴う住民の四散的な転出が急速に進む場合の緊急対策として用いるべきであろう。移転を実施した場合、生活上の困難、特に高齢者にとっての困難が大きく改善される可能性が高い。居住地が少し移動するわけであるが、「生活上の困難さに伴う住民の四散的な転出」が大きく抑制されるであろう。

　とはいえ、「四散的な転出でも特に問題はない」「体調上の不安から都市の息子の家に引っ越すとなっても別に気にしない」といったことなら自主再建型移転に出番はない。移転が力を発揮するのは、「このままバラバラになりながら

遠方に移住するぐらいなら、ふもとでまとまって生活するほうがまし」といった場合である。なお、集落全員が極端に高齢化した場合、個々人の負担が大きいため、従来型の自主再建型移転はあまり推奨できない（4・2・5）。

　自主再建型移転は、集落の「戦力」回復にも効果があると思われる。「厳しい山奥のほうが魅力的」という場合も考えられるが、山裾などの「ほどほどに自然が豊か」で「ほどほどに便利」という環境であれば、集落から遠く離れた都市に居住する子世帯・孫世帯、特に子育て中の世帯が戻ってくる可能性が上昇することもありうる。うまくいけば、移転先で「戦力」を増やしてから、発展に向けて「かじ」をきる、というシナリオが選択可能となる。

集落づくりについての「安心感」の創出

　少し見る角度を変えてみよう。同じように、集落の発展を目指す場合でも、事態の急速な悪化に対する「セーフティーネット」（自主再建型移転）がある場合とない場合では、安心感が全く異なるはずである。つまり、実行しなくても、「自主再建型移転という選択肢」自体に精神的なプラスの効果があると筆者は考えている。

　「断じて発展あるのみ。選択肢の一つであっても自主再建型移転については考えたくない、考えない、考えてはいけない」という気骨ある意見を否定しようとは思わない。しかし、それは、みずからの手で「セーフティーネット」を一つ放棄することを意味する。「背水の陣」的な士気向上の効果があるとしても、良策とは思えない。

「引くことができる」がつくる安心感：活性化実践者のことば

　自主再建型移転に限らず、「引く」という次善策の存在は、精神的に非常に大きいと思われる。ここでは、福島県いわき市の山中で集落づくりを行っていた吉田桂子氏のことばを紹介したい。同氏は、行き場のない状態で「活性化だけやれ」と言われても苦しいと述べた上で、「撤退」という選択肢があれば安心して活性化にとりくむことができると語った（2011年の取材）。いつでも後退できるからこそ、安心して前進できる。「引く」という選択肢を持っていることは、活性化の妨げにはならない、むしろ後押しするものとなりうるということである。

（5）A 集落にとっての自主再建型移転

無住維持型集落に向かう

　自主再建型移転に関する一般論が長くなってしまった。話を初期状態に戻ったA集落に戻そう。「初期状態のA集落に自主再建型移転が必要か」といえば、それだけで長い議論になるが、それはさておき、ここでは、自主再建型移転を実施すると考えてみよう。移転先はA集落の山裾とする。

　A集落は、自主再建型移転により、無住維持型集落、基盤保持型の自然回帰型国土、基盤消滅型の自然回帰型国土のいずれかに移行することになる。一概には言えないが、筆者としては、高関与住民がそのまま高関与外部住民になるような形（無住維持型集落への移行）を推奨したい。

本書が定義する「撤退」に入るか

　細かいことになるが、「高関与住民全員がそのまま高関与外部住民になるような自主再建型移転」が、本書が定義する「撤退」に入るのか、について少し考えてみよう。A集落の常住人口がゼロになった点については明らかであり、議論の余地はない。一方、A集落の集落振興の基盤についてはどうか。この場合、「移転の直前と直後で基幹戦力に大きな変化はない」とみることができる。とはいえ、長期的な視点でいえば、山裾への移転により、基幹戦力の生活の持続性、住民のまとまりの持続性が向上した、ということにもなる。したがって、やや特殊な形となるが、「高関与住民全員がそのまま高関与外部住民になるような自主再建型移転」も、本書が定義する「撤退」の一種となる。

　なお、戦略マップには、単純維持型集落と無住維持型集落を直接結ぶラインは存在しない。さらに細かいことになるが、それについては、一瞬で、「単純維持型集落（初期状態）→拡大型集落→無住維持型集落」と変化した、と考えればよいであろう。

若手の「高関与外部住民」の誘致が急務

　初期状態から直ちに「高関与住民全員がそのまま高関与外部住民になるような自主再建型移転」を実施した場合、移転直後の高関与外部住民の大多数は、「高齢の農家の住民」ということになる。そのため、この形では、若手の高関与外部住民の誘致が急務となる。若手の誘致については、移転した後から考えるのではなく、移転前の段階から重点的に議論することが望ましい。

若手の高関与外部住民が確保できた場合、「基幹戦力は当面安泰」ということになる。そのあとについては、無理をせず、追い風が確実となるまでじっくりと待ち、適宜、「再興」に向かうこと、つまり、「撤退して再興する集落づくり」を目指すことを推奨したい。

基盤保持型の自然回帰型国土に向かう

　先ほど少し触れたが、自主再建型移転により、基盤保持型の自然回帰型国土に向かうことも可能である。その場合に推奨される対策については、**3・2・3**（2）と同様である。ただし、それについても、<u>移転前の段階から重点的に</u>議論することが望ましい。

6　諦めるのはまだ早い

　ほかにも多種多様な未来が考えられるが、A集落に関するマルチシナリオ式の集落づくり試論についてはここで筆を置くこととしたい。どうであろうか。この試論で筆者が伝えたかったことは、おおよそ次の4点に集約できる。①一見、消滅確実と思われる常住困難集落であっても、これだけの多種多様な未来や可能性がある（諦めるのはまだ早い）。②「撤退して再興する集落づくり」にもバリエーションがある。③「戦略マップ」を使うことで、状況の推移が分かりやすくなる。④限られた時間で、偏りの少ない議論を進めるには、ある程度の制限やフレームワークが必要である。

　本書を読み終えたら、読者の方々も**3・1**の枠組みを使って、「マルチシナリオ式の集落づくり試論」の練習を行ってみてほしい。難しいことではない。いろいろな状況や変化を自由に想定し、「その先、どうなるのか」「どういう準備が必要か」といったことを話し合うだけである。集落づくりに関する思考力が格段に強化されるはずである。

集落づくり試論の活用と外的な支援の可能性

　本節の前半では、マルチシナリオ式の集落づくり試論を実際の集落づくりで実践するときの注意事項、補助的なツールなどについて言及する。後半では、これまであまり触れてこなかった都市側の視点を導入し、「都市からも強く必要とされ、特別な支援を受ける可能性のある山間地域の小集落」について検討する。

1　実際の集落づくりでの活用：議論の展開・見落としのチェック

　マルチシナリオ式の集落づくり試論は、30年以上の時間スケールで集落の生き残り策を考える場合の実際の議論でも、「集落の今後の可能性を議論する」といったシーンで役に立つであろう。さらにいうと、この種の試論は、1・1・5で説明した「動的な集落づくり」の設計図づくり（農村戦略の策定）でも、初動段階での議論の展開、最終段階での見落としのチェックなどで威力を発揮すると思われる。

　ただし、複数の当事者が納得できる方針を見つけることは決して容易ではない。それについては、一にも二にも、時間をかけて納得できるまで議論するのみである。コンピューターによる問題の「可視化」も重要であるが、あくまで議論の補助であり、何らかの計算から「ぽん」と最適解が出てくるようなことはないといってよい。

2　血の通った議論に向けて：一から作り直す勢いが必要

(1) 今回の枠組みの設定と試論はあくまで一例

　筆者自身、今回の枠組みの設定（3・1）や試論本体（3・2）が「満点」とは全く思っていない。架空の集落に関する試論であるため、全体的に無機的な思考となっていることも否めない。「気持ちに寄り添っていない」「上から目線」といったご批判も考えられる。本書の枠組みや試論は「たたき台」にすぎない。こ

れを踏み台として、気持ちに寄り添った枠組みの設定や試論を行ってほしい。集落類型の構築についても、その土地の風土や歴史的な文脈にあわせ、<u>一から作り直す勢いで見直す</u>ことを推奨したい。

なお、本章の試論では、過疎地の利便性向上で期待される「小さな拠点」「ふるさと集落生活圏」*25、執筆時（2023年2月）の最新トピックである「農村型地域運営組織（農村RMO）」も登場していない。「地域おこし協力隊」「6次産業化」「グリーン・ツーリズム」「木質バイオマス発電」「ICT技術の活用」などにも触れていない。

とはいえ、使えそうなものは遠慮なく積極的に使うべきであろう。ただし、事例集などに掲載されるような「華々しい戦術的勝利」を見て、思考停止的に礼賛するようなことは厳禁である。「その手法を実践するだけの体力が当該集落に残っているのか」「その手法の戦術的勝利の先にいったい何があるのか」を常に強く意識することが肝要である。

(2)「何にこだわるのか」を明らかにする

この種の試論の第一歩は、集落に関するモデルづくりであるが、何人かの専門家の支援があったとしても、人文学、社会科学、工学、生物学、農学など、<u>あらゆる分野を精密に網羅したモデルをつくることは不可能</u>であろう。試論実践への第一歩は、「議論の対象として、何にこだわり、何を捨てるか」という問いに答えることである。

なお、「試作」であっても何かモデルをつくれば、多くの専門家から批判の声が出てくることになるであろう。<u>各分野の専門家</u>には、「（自分が専門とする分野への）理解が浅い。何も分かっていない」といった単純な批判ではなく、<u>限られた時間で全体をみわたすことの難しさを理解した上で</u>、建設的な助言を発信することをお願いしたい。

(3)「キー」となる重要な問い

「精緻なモデル」や「選択可能な手法を網羅したリスト」が完成したとしても、それらを眺めているだけでは何も出てこないであろう。農村戦略の策定を目指すということなら、「このままでは（何年後）どうなるか」「当面のゴール（目標とする集落の形）は何か」「その手法の戦術的勝利の先に何があるのか」「楽観的に考えたらどうなるか」「悲観的に考えたらどうなるか」「その方針が失敗

したときの次善策は何か」「容認可能なゴールは何か」「方針を切り替えるとしたら、どのタイミングか」といった問いが重要な「キー」となる（表3・8）。細かいことであるが、ゴールは、できるだけ具体的なものが望ましい。「いきいきとした集落」などといったことばであいまいにするようなことは避けるべきである。

　基本的なことであるが、前述の「このままでは、何年後にどうなるか」（議論の基準）は、非常に重要な問いである。手法の成否を評価するには、基準が不可欠であるが、長期的な集落づくりの場合、手法の成否の基準は、「現状」ではなく、「成り行き任せの場合の厳しい未来」、すなわち、「このままではどうなるか」への答えになると考えるべきであろう。図3・20をみてほしい。その場合、右上（点線を上回る）のゾーンに位置すれば成功であり、左下なら失敗となる。

表3・8　マルチシナリオ式の集落づくり試論の問いの例

カテゴリー	問いの例
議論の基準	・このままでは、何年後にどうなるか。
ゴールと手法の整合性	・ゴール（目標とする集落の形）は何か。 ・その手法の戦術的勝利の先に何があるのか。
状況変化への対応	・楽観的に考えたらどうなるか。 ・悲観的に考えたらどうなるか。 ・その方針が失敗したときの次善策は何か。 ・容認可能なゴールは何か。 ・方針を切り替えるとすれば、どのタイミングか。
物事の優先順位	・状況が悪化しても保持したいものは何か。 ・状況が悪化した場合、諦めてもよいものは何か。 ・一度失われたら取り返すことができないものは何か。

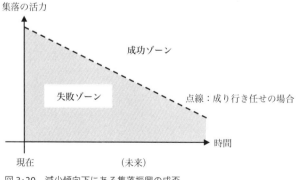

図3・20　減少傾向下にある集落振興の成否

（4）小難しい理論は不要

　マルチシナリオ式の集落づくり試論に「アルファベットやカタカナを多用した難しい理論」は必要ない。枠組みづくりは難しいかもしれないが、試論そのものは、少し練習すれば誰でもできるようなものと筆者は考えている。その理由は、「人生の生き残り戦略ですでに経験している人が多いから」である。個人レベルでみれば、入試、就活、転職といった人生の要所で、「マルチシナリオ式」の思考を実践することは、ごくふつうのことである。「楽観的な未来だけを想定している」「悲観的な未来は考えたくない、考えない、考えてはいけない（悲観的な未来への備えもない）」などという人のほうが少数派であろう。個々の人生の生き残り戦略は、集落の生き残りにおいても「最強の教材」といってよい。

3　シミュレーションゲームや小説の可能性

（1）多分野で活躍するシミュレーションゲーム

　とっぴな印象を受けるかもしれないが、集落に関するシミュレーションゲームを開発することができれば、マルチシナリオ式の集落づくり試論の補助、例えば、ワークショップのアイスブレーク（緊張を解きほぐすような段階）、議論のチェック（見落としがないか）などで活躍できる可能性がある。

　過疎地の深刻な状況を考えれば、「ゲームなど不謹慎」と思うところかもしれない。筆者も、やや古い人間になってしまったのか、そのような気持ちが全くないといえば嘘になる。しかし、世界的にみれば、学校、企業・組織、公共政策、医療・健康、政治・社会、商業、軍事といった多様な分野で「シリアスゲーム」（教育をはじめとする社会の諸領域の問題解決のために利用されるデジタルゲーム）と呼ばれるゲームが開発されている[26]。「不謹慎」のひと言で、ゲームの可能性を切り捨ててしまうのは、早計というものであろう。

（2）小説や絵本の可能性

　マルチシナリオ式の集落づくり試論の結果を、子どもを含めた他者に分かりやすく伝えることは容易ではない。時間による状況の変化、可能性の変化を簡潔に表現することは特に難しいと思われる。そのような場合は、小説や絵本をつくるという方法も効果的であろう。小説や絵本のなかで時間を進めてみせる、ということである。

ここで具体例をあげることは難しいが、関連するものということであれば、「撤退」を扱った橘川真古一氏の小説『こくいきさん』（Kindle）が非常に興味深い。現時点の可能性は未知数であるが、小説や絵本が「試論」の結果を広く伝える媒体のジャンルの一つになることを切に願う。

4　国民的な支援を受けるために：都市側の視点から考えてみる

(1) 都市からも強く必要とされる集落とは

　試論に関する記述が一段落したところで、少し寄り道をしたい。集落の未来を切り開くのは、集落の当事者であり、極端な「他力本願」は禁物であるが、本項では、常住困難集落に対する国民的な支援（特に金銭的な支援）、図3・21の一番右の柱について考えてみよう。なお、「支援」には、行政以外からの支援、「都市住民がその集落の商品を高額で購入する」といったものも含まれる。

　では、そのような国民的な支援を受けるにはどうすればよいのか。議論の地理的な対象を少し広くとって、「都市からも強く必要とされ、特別な支援を受ける可能性のある山間地域の小集落とは」という問いを設定し、都市側の視点から考えてみたい。「上から目線である。すべての集落には無限の価値がある」といったご批判も考えられる。しかし、「例えば」であるが、「昔ながらの生業や生活の作法を保持した集落」と「お金持ちの都市住民の別荘地となったような集落」を同格としてよいのか。特段否定しようとは思わないが、筆者の感覚で

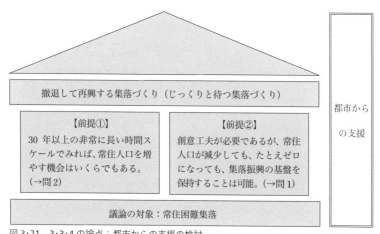

図3・21　3・3・4の論点：都市からの支援の検討

いえば、後者は「手厚く支援する必要のない集落」である。

　なお、ここでの狙いは、山間地域の小集落に対し、都市にこびへつらうようなことを推奨することではない。「都市にどう思われようと関係ない。特別な支援など不要であり、自分の力をもって自分が信じる道を進むのみ」といった意見も否定しない。むしろ心強いかぎりである。

(2)「河川水や地下水を供給しているから」は厳しい

　前置きが長くなったが、ここから、都市が山間地域の小集落を強く必要とする理由について考える。山間地域が広大な山林を抱えていることを考えた場合、はじめに思いつくものは、「下流の都市に河川水や地下水を供給しているから」ではないか。しかし、一般論をいえば、雨水は山間地域を通過しているだけである。「農業や林業が水供給に貢献している」といった意見もあるが、天然の状態を基準とすれば、微々たるものであろう。水の確保についても、「都市が山間地域の小集落を強く必要とする理由」としては弱い。「下流の都市の洪水を緩和しているから」なども似たようなものである（**1・3・2**参照）。

(3)「どこでもできるもの」では厳しい

　次は、「食料を供給しているから」であるが、これについても厳しいといわざるをえない。種類や品質などを問わなければ、日本中、世界中どこからでも入手できるのが「食料」というものである。食料の供給は、「都市が山間地域の小集落を強く必要とする理由」にはなりにくい。やや乱暴に聞こえるかもしれないが、食料の供給にかぎらず、どこでもできるものの供給から、「理由」を探すことは難しいと考えたほうがよい。食料の供給で山間地域の小集落に勝機があるとすれば、その土地ならではのもので勝負した場合だけであろう。

　なお、極端な場合はさておき、輸入食料が不足気味になったとしても、最優先で必要とされるのは平地の広大な耕地であり、山間地域の狭い耕地は二の次となる可能性が高い。

(4) ほかでは供給できない「価値あるもの」が必要

　都市からも強く必要とされ、特別な支援を受ける可能性のある山間地域の小集落とはどのような集落か。答えの一部はすでに提示されているが、基本的なところをいえば、次の3点、「①ほかでは見られない」「②都市住民にとっても価値がある」「③当該地域の努力により維持されている」をすべて満たす「何

か」を保持している集落と考えてよいであろう。よくある定型文、「緑が豊か」では不十分といわざるをえない。「緑」で勝負するというなら、その中身を深く掘り下げ、ほかでは見られないものを明らかにすると同時に、自分たちが「緑」の維持にどのように貢献しているかを説明する必要がある。

(5) 生活生業技術が有力

　前述の3点をすべて満たす「何か」として、筆者が最も有力と考えているものは、各集落の生活生業技術である。隣どうしでは微々たる差かもしれないが、地質・地形・気候などで全く同じ集落というものはない。それらを基盤とする生活生業技術についても、集落単位で「同じ」ということなく、「ほかでは見られない」に該当すると考えてよいのではないか。また、**2・3・6**では、生活生業技術がいかに重要であるかを述べたが、それの恩恵は集落の当事者にとどまるものではない。都市住民にとっても非常に価値があるものと考えてよいであろう。ほかにも多種多様な「何か」がありうるが、現時点で筆者が考える「都市からも強く必要とされ、特別な支援を受ける可能性のある山間地域の小集落」は、生活生業技術を高いレベルで保持している集落である。

コラム マルチシナリオ式の集落づくり試論をサポート：行政へのお願い Ⅳ

　実際の集落づくりで、マルチシナリオ式の集落づくり試論を行う場合は、外部からのサポートが必要になる可能性が高い。常住困難集落を有する市町村行政には次の4点をお願いしたい。①当事者によるカスタマイズの余地を残した集落類型（本章の場合でいえば、拡大型集落や無住維持型集落など）をつくり、可能であれば、該当すると思われる集落の実例を示す。②マルチシナリオ式の集落づくり試論をサポートできる人材を育成する。なお、サポートする人材には、特定の分野だけに詳しい人（スペシャリスト）だけでなく、多くの分野（人文学、社会科学、工学、生物学、農学など）について薄く広く知識を持った人（ゼネラリスト）も必要と思われる。余談であるが、大学の教育にも、形ばかりの「総合」のたぐいではなく、そのようなゼネラリストを育成するコースが必要であろう。無論、人文地理学と文化人類学の連携、土木工学と建築学の連携といった「近場での連携や共同」だけでは不十分である。③シミュレーションゲームなどの開発を支援する。④人々が漠然と感じる「都市が山間地域を強く必要とする理由」を定量的に明らかにする。

第4章

建設的な縮小に向けた個別の具体策

4・1

土地管理の縮小：農業・林業・自然環境の垣根をこえて

　本書全体の流れとしてはやや補助的な議論となってしまうが、本章の前半では、建設的な縮小に向けた個別の具体策を紹介する。

　本節で説明する具体策は土地管理（植生の管理）に関するものであり、田や畑での放牧、自然の力をいかした林業などについて言及する。細かいことであるが、ここで紹介する具体策の多くは、現住の常住困難集落や無住集落だけでなく、ある程度活力のある集落でも実施可能なものである。

1　田や普通畑での放牧：活性化の手段としても効果的

(1)「失われたら取り戻すことはできない」は誇張

　時間やお金を無視できるなら、「管理放棄により雑草雑木に覆われた田や普通畑」を復旧（開墾）することは容易である。田や普通畑の開墾は、道具に恵まれていない大昔であっても可能であったことを考えれば、特段不思議なことではない。「失われたら二度と取り戻すことはできない」といった主張は誇張といわざるをえない。なお、田の修復コストについては、有田博之氏を中心とした農業土木系のグループの研究成果が非常に興味深い[*1]。農業土木関連の知識が必要となるが、興味のある方は熟読されることを推奨したい。

(2) ゼロ点でも満点でもない「粗放的な草地」という選択肢

　マンパワーの不足により通常の使用が難しくなった田や普通畑の多くは、そのまま雑草雑木に覆われる可能性が高い。さらにいうと、食料に関する現状が大きく変化しないかぎり、「多大なお金と手間をかけてでも元の田や普通畑に戻す」となる可能性も非常に低い。

　ただし、「田や普通畑を放棄することに漠然とした不安を感じる」「将来の再興に備えたい」という方も少なくないであろう。そのような場合の選択肢の一つとして、「粗放的な草地として維持する」というものがある。水路や農道などの復旧まで含めると話が複雑になるが、通常の使用を断念した田や普通畑であ

っても、「雑草が少し生えているだけ」という状態（粗放的な草地）であれば、もとに戻すことは難しくない。粗放的な草地は、田や普通畑としてお世辞にも満点とはいえないが、田や普通畑としての土の潜在力が残っているため、ゼロ点でもない。あえていえば、50点の選択肢である。

（3）少ないマンパワーで「粗放的な草地」を維持する方法

都市住民の無償奉仕という選択肢

　では、どうすればよいか。基本的には、雑草が小さい段階で草刈りを行い、雑木林への遷移を阻止すればよいわけであるが、問題は「誰が草刈りを行うか」である。安全面で注意すべき点も多いが、単なる草刈りであれば、都市住民でも実施可能である。「都市住民の無償奉仕に頼る」という選択肢も一考に値する。ただし、それが可能な場所は、観光地としてのポテンシャルがあるといった特別な場所にかぎられると思われる。

ウシの放牧という選択肢

　農業の分野では特段新しい考え方ではないが、筆者としては、田や普通畑などにウシを放牧すること、つまり、ウシに草を食べてもらうことを推奨したい。「どこでもできるもの」とは思えないが、ウシの放牧については技術的な蓄積も厚く、軌道にのれば、少ないマンパワーで広い範囲の遷移を抑えることができる。ウシの活躍の一例を図4·1および図4·2に示す。ここでは、畜産経営経済などを専門とする千田雅之氏の農林地の保全管理（主に植生の維持）に関する研究を紹介する[*2]。同氏によると、島根県大田市小山地区の農林地12haの場合、放牧を取り入れた保全管理に必要な時間は、1ha当たり年間19時間（放牧牛の

図4·1　雑草に覆われたなかでの放牧（撮影：大西郁氏）

図4·2　放牧により雑草が激減した様子（撮影：大西郁氏）

観察や研究会などを除く）であり、農地にかぎると、刈払機を使用した人力除草（放牧導入前、1ha 当たり年間 177 時間）の約 9 分の 1 の作業時間で保全管理が可能になったという[*3]。

水管理・カバープランツの妙

少し話が変わるが、「とりあえず雑草雑木に覆われることを遅らせる」ということであれば、有用な具体策はほかにもある。例えば、放棄田であれば、雑草繁茂の抑制という観点から、湿性（できれば湛水）状態とすべきという意見もある[*4]。なお、この場合の「湛水」というのは、水をはっておくという意味である。公園などでも使用される方法であるが、「カバープランツ」とも呼ばれる植物で土地を覆い、雑草の発生を限定的にするという方法もある[*5]。

（4）放牧の経営的な可能性

話を放牧に戻す。前述の千田氏にとっての放牧は、単なる「守り」ではなく、積極的な所得向上の手段でもある。同氏が注目するのは、周年親子放牧であり、2020 年の論考では、1 人で約 20ha の里山と 40 頭以上の繁殖牛とその子牛の管理を達成し、水田放牧のような補助金のない里山でも高い所得を確保している事例が紹介されている[*6]。上の報告は全文ダウンロード可能である。従来型の農業振興の話になってしまったが、放牧は非常に魅力的な選択肢といえる。

また、親子放牧には放牧用地の団地が不可欠といわれる[*6]。その点に注目すると、無住であることがむしろ有利に働く可能性もある。管理されなくなった土地が多い無住集落は、「まとまった土地」を確保する上で有利と考えることができるからである。人口が多い集落、非農家や小さな農家がひしめき合うような場所で広大な土地を確保することは容易ではない。

（5）田や普通畑における放牧の多面的な機能

「撤退の農村計画」より

田や普通畑における放牧には、土地管理の労力削減、畜産農家のエサ代の削減以外にも興味深い効果がある。大西郁氏[*7]は、『撤退の農村計画』のなかで、田や普通畑における放牧の効果として次の 5 点、①放牧牛の健康増進と高齢者の生産意欲の回復、②獣害対策（獣の隠れ家となっているススキやササの駆除、エサとなるクズの減少など）、③地域の活性化（牛が創り出す風景）、④食料自給率の向上（食料自給率を引き下げている輸入飼料の減少）、⑤国土保全（土地

の侵食を早期に発見可能）、⑥生物多様性の回復をあげている。

　⑥について少し補足する。ウシが草を食べると、「自然の力で草地が森林に」といった遷移が止まってしまう。それは、草地の状態が維持されるということ、つまり、草地という環境を必要とする生き物の生息場所を守ることを意味している。

　放牧の機能は多面的であり、いずれも魅力的なものである。ここまで利点があるにもかかわらず、いまだマイナーであることを考えると、田や普通畑における放牧にも、目に見えにくい苦労が多数あると思われるが、検討する価値は非常に大きい。

地域活性化について

　やや余談になるが、放牧による地域活性化について、かつての筆者は懐疑的であった。「小学生以下の子どもはさておき、ウシぐらいで誰がよろこぶのか」ということである。しかし、調査[*8]に同行した学生たちがウシで大いによろこぶ姿を見て、その疑いは一掃された（図4·3）。今の学生には、ウシだけなく、草刈りですら新鮮なものとして映っているようである（図4·4）。過度の期待は禁物であるが、この流れはぜひともいかしたいところである。

（6）多種多様な選択肢が温存された形

　この先、山間地域の小さな田や普通畑が必要になるかどうかは、誰にも分からない。畜産や林業、燃料を取り巻く状況によっては、本格的な牧草地にしたほうが有利、針葉樹林や雑木林にしたほうが有利ということも考えられる。

　そのように考えると、ウシにより維持された「粗放的な草地」（もともとは田

図4·3　ウシに畑の残渣（ざんさ）や草などを与える学生たち（福井県鯖江市にて）

図4·4　柄の長い草刈鎌による草刈り体験（福井県鯖江市にて）

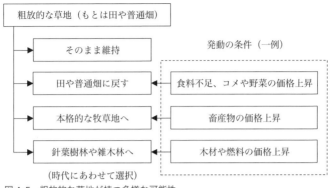

図4·5　粗放的な草地が持つ多様な可能性

や普通畑）は、非常に魅力的なものとなる。田や普通畑に戻すことは比較的容易であり、そのまま本格的な牧草地に変更すること、人工林や雑木林にすることも難しくないからである。粗放的な草地として、このまま長く維持できる点も非常に大きい。田や普通畑での放牧は、多種多様な選択肢が温存された非常に魅力的な形と筆者は考えている（図4·5）。

2　広域的な獣害対策：人のエリアと自然のエリアを分ける

　前述のように、放牧には獣害対策の機能もある。関連事項として、全体が縮小する時代の広域的な獣害対策についても少し触れておきたい。集落移転に関するものであるが、野生動物管理を専門とする江成広斗氏は、土地利用の再編の議論のなかで、次の2点、①野生動物の生息空間と人の居住空間の境界線を最短化し、加害獣の追い払いや電気柵設置の経済的・体力的コストを削減すること、②「絶滅への危惧」という観点から、孤立した生息空間をなくすこと（→追い払いや個体数管理などが進みやすくなる）を推奨している[*9]。

　前述のとおり、上の対策は集落移転に関するものであるが、それ以外の場合でも通用するはずである。ただし、いずれにしても、まずは土地利用に関する広域的なビジョンが必要であるため、少々難易度が高いとみるべきかもしれない。

　なお、江成氏は、先ほどの2点に続いて、森林と集落の境界に緩衝帯（草木を刈る）を設置すること、集落跡地を野生動物の餌場にさせないこと（栽培樹木の伐採など）も推奨している[*9]。

3　自然の力をいかした林業：合自然的林業・風致間伐

（1）赤井氏の低コストな合自然的林業

　1・3・1 でも触れたように、日本の標準的な林業は、「自然に逆らう」とまでは
いわないものの、膨大な労力をかけて植生を誘導し管理するという集約的なも
のである。それに対し、非集約的、より自然の力をいかした林業（合自然的林
業）というものも存在する。

　1・3 でも登場した赤井龍男氏の
『低コストな合自然的林業』[*10] には、
「自生種の植栽なら下刈りは省ける」
「並材生産なら除間伐は省ける（ヒノ
キ単純林は別）」といった非常に興味
深い指摘が見られる。それらは、資
金やマンパワーの減少に対応した土
地管理を考える上でも有用であろう。
ただし、同書の基本的なスタンスは
「合自然的な林業をすすめれば低コ
ストにつながる」であり、そこでの
「低コスト」は、「林道などを徹底的
に整備し、大型の機械を導入して」
という場合の「低コスト」とは異な
ることを強調しておきたい。

図 4・6　「風致間伐」が行われた人工林（提供：清水
裕子氏）

（2）自然の流れを意識した間伐

　筆者は、2010 年、「風致間伐」の
人工林（アカマツ・ヒノキ 2 段林施
業、図 4・6）を見学することができ
た[*11]。通常の人工林（図 4・7）と明
らかに異なり、図 4・6 のほうは、大
木から小さな木まで非常に多様であ
ることに注目してほしい。風致間伐

図 4・7　通常間伐の人工林

を一口で説明することは難しいが、あえていえば、「一定密度の林内について、優勢な高木を残しながら、低木を残した小面積の皆伐地（明るいところ）をつくるような間伐」である。ここで大切なことは、明るくなった場所が「次世代の木が育つ場所」になるということである。事後の調査は清水裕子氏が継続して行っているが、伊藤精晤氏・馬場多久男氏は、そのような間伐（への期待）について次のように述べている。

> （前略）自然林に近い（高齢の）択伐林施業へ展開していくものと考える。
> （中略）木材収穫を一定させ、大径材の生産によって経済的にも有利となり、自然の流れを活かした生態学的管理による最小の努力で維持されることが期待される。[*12]

なお、「択伐」といのは、皆伐のように一気に伐採するのではなく、少しずつ伐採し、後継樹を少しずつ自然に育てること（植林を必要としない）を指す。大きく見れば、この先の林業には、大型の機械の導入といった方向と、自然の力をいかすという方法の二つがある。「どちらか一方が絶対的に正しい」ということではないが、筆者としては後者が増えることを期待したい。なお、低コストといっても、「木を切り出す以外、全く手を加える必要はない」という放置の形はありえないと考えたほうが無難である。

4　土地管理の「薄く広く」（非集約・粗放）を見直す

農業や林業などに共通することであるが、昔は狭い国土を限界まで使おうと湯水のようにマンパワーを使って高密度な土地管理を行っていた。図4・8のような急傾斜の耕地に至っては感動を覚えるほどのレベルである。

現在、マンパワー（資金も含む）の不足により、そのような風景は少しずつ姿を消している。いったいど

図4・8　急傾斜地の耕地：高知県吾川郡仁淀川町

うすればよいのか。単純に考えれば、選択肢は次の3つであろう。①別の場所からマンパワーを引っ張ってくる。②管理手法そのものは変えないが、管理する空間的な範囲を限定し、あとは放棄する。③薄く（非集約的、粗放的に）広く守る。

できれば、①だけで解決させたいところであり、掛け声だけなら、①が無難である。しかし、現実をみるかぎり、多くの場合、①は困難であり、②が選択されている。③については、そもそも具体的な選択肢が少なく、検討すらされていない可能性が高い。

マンパワー不足時代の「薄く広く」は、単なる手抜きではなく、「より広く、より多くを守るための効果的な策」と考えるべきである。筆者は、③の選択肢をもう少し増やしてほしいと強く思っている。①にしがみついて精神論や補助金増額を叫ぶだけでは建設的とはいえない。

5 自然環境保全・林業・農業の垣根をこえる

（1）林業の転進：急傾斜地からふもとの耕作放棄地へ

農林業のマンパワー（資金を含む）不足への対応として「非集約」「粗放」という選択肢を紹介したところであるが、「場所的な向き不向きを考慮した土地利用の変更」「土地利用における適材適所」というものもある。

まずは、自然環境保全のため急傾斜地の人工林を「天然林に近い形」に戻すことを推奨したい。その上で、ふもとを見渡し、使い切れない田や普通畑に植林することを考えてみてはどうか。ふもとに向けて林業が転進するイメージである。なお、この場合の「転進」は、「撤退」の言いかえではなく、文字どおり、「転じて進む」という意味である。

ふもとに向かうメリットは主に2点、すなわち、「①田や普通畑の感覚では急傾斜地であっても、林業の感覚なら緩傾斜地ということが多い」「②田や普通畑であれば道路が隅々まで整備されている」である。なお、農地に木を植えることについては、農地法などで規制がかかっていることに注意が必要である。いつでも（どこでも）可能ということではない[*13]。

（2）農業の転進：将来的には空いた宅地へ

農業についていえば、用水の確保が難しい場所、急傾斜の場所などを森林に

変更し、場所的に有利な田や普通畑の維持に集中してはどうか。さらに、もう少し宅地の地価が下がってからになると思われるが、この先大量に生じると思われる「空いた宅地」を開墾することを考えてはどうか。空き家問題を考える側には、建物としての活用だけでなく、「周辺に消費者が近いことをいかした農業ができないか」といったことに関する積極的な検討もお願いしたい。

　なお、田や普通畑に植林する場合は、スギ・ヒノキだけでなく、集落のシンボルになるような森（例：花木)、「地域おこし」につながるような森を目指すことを推奨したい。石川県農林総合研究センター林業試験場の小谷二郎氏は、収益が期待されるものとして、クヌギ（シイタケ原木、茶道用の炭)、ケヤキ、ウルシを推奨している[14]。

居住地の見直し：自主再建型移転と漸進的な集落移転

　本節では、**3・2**で登場した自主再建型移転についてもう少し詳しく説明する。まず、自主再建型移転のアウトライン、過去に実施された移転の評価などに触れ、事例を二つ紹介する。次に、移転が不要な場合、特に慎重になるべき場合などについて整理する。また、移転が減少した要因に触れ、次世代型移転の方向性に言及する。最後に、同じ場所に向かう「個別」の移転（漸進的な集落移転）という選択肢と実施状況などについて少し触れる。

1　過疎を緩和する「自主再建型移転」という選択肢

　自主再建型移転の概要については、**3・2・5**ですでに述べたとおりであるが、少しだけ復習しておきたい。自主再建型移転に関するポイントは次の7点である。①山奥などの集落の全員が、ほぼ同時に、山裾などにまとまって引っ越すことを「集落移転」（基本形）という。②集落移転のなかでも、過疎緩和のための自主的な集落移転を本書では「自主再建型移転」と呼ぶ。「災害関連＋過疎緩和」型も自主再建型移転に含める。③強制ではなく、集落全員の「選択肢の一つ」にすぎない。④集落住民の地理的なまとまりをある程度維持しながら、比較的条件のよい場所、暮らしやすい場所で状況を立て直すことができるというすぐれた事業である。⑤国や市町村からの金銭的な支援が期待できる（例：過疎地域集落再編整備事業）。⑥過去の実施例も多く、移転した住民からも高く評価されている。⑦暮らしの立て直しに関する移転の効果は冬の厳しさにも左右される。

　細かいことであるが、自主再建型移転には「山奥→山裾」型以外にも、「離島→本島」型、「半島先端部→付け根」型といったパターンが考えられる。そのほか、広大な集落に散在する家屋が、同じ集落の最も便利な一角に集結するというパターンもある。厳密には少し違うかもしれないが、それも自主再建型移転に含めてよいであろう。詳細は割愛するが、その種の近距離の移転としては、

岩手県和賀郡西和賀町長瀬野地区の集落再編成が有名である（図4·9）。なお、移転前の集落と移転後の団地の距離は、同一市町村内で10km以下がふつうであろう。

コミュニティデザイナーとして全国的に有名な山崎亮氏は、その種の移転を「コミュニティ転居」と表現している[*15]。自主再建型移転とい

図4·9　岩手県和賀郡西和賀町長瀬野地区の移転先

った表現は堅苦しいという場合は、コミュニティ転居でもよいかもしれない。

2　「移転してよかった」が大多数の自主再建型移転

(1) 移転集落の数

大半が1970年代であるが、「過疎地域集落再編整備事業」を活用して集落移転（≒自主再建型移転）を実施した集落の数は、207にのぼる（移転戸数は1,447戸、表4·1）。なお、この表をみるかぎり、移転した集落の平均戸数は約7戸（1,447／207）ということになる。

表4·1　集落移転事業の実績

採択年度	移転集落数	移転戸数
1971～1974	101	830
1975～1979	82	400
1980～1984	17	153
1985～1989	4	38
1990～1994	2	15
1995～1999	1	11
累計	207	1,447

出典：国土庁地方振興局過疎対策室『過疎地域等における集落再編成の新たなあり方に関する調査報告書（平成12年3月）』2000

(2) 移転をしてよかった点

実際に移転した人は自主再建型移転をどのように思っているのか。移転した13集落、105戸（105人）を対象としたアンケートの結果を図4·10に示す。「移転してよかった」が72人、「移転前の方がよかった」はわずか2人である。

表4·2（図4·10と同じアンケート）は、「集落移転をしてよかった点」（複数回答）である。その表によると、「買い物や外出など、日常生活が便利になった」「病院や福祉施設が近くなり、医療や福祉サービスが受けやすくなった」「自然災害や積雪などによる不安が少なくなった」「学校が近くにあり、子どもの通学が楽になった」といった項目が高く評価されている。外部の視点から酷評す

図4·10 集落移転の感想
・グラフ内の数字は回答数 ・回収状況：88（回収率 83.8%）
（出典：総務省自治行政局過疎対策室『過疎地域等における集落再編成の新たなあり方に
関する調査報告書（平成 13 年 3 月）』2001）

表4·2 集落移転をしてよかった点

移転をしてよかった点	複数回答 N=88
買い物や外出など、日常生活が便利になった	69（78.4%）
病院や福祉施設が近くなり、医療や福祉サービスが受けやすくなった	64（72.7%）
自然災害や積雪などによる不安が少なくなった	47（53.4%）
学校が近くにあり、子どもの通学が楽になった	28（31.8%）
自分や家族の仕事がやりやすくなった	24（27.3%）
集落内の共同作業や役まわりなどが楽になった	21（23.9%）
人との交流や学習の機会が増えた	18（20.5%）
公園、公民館、図書館など、公共施設が利用しやすくなった	17（19.3%）
収入・所得が増えた	5（5.7%）
離れていた家族と一緒に住むようになった	5（5.7%）
その他	2（2.3%）

・かっこ内は回答者数の 88［人］に対する選択率。
出典：総務省自治行政局過疎対策室『過疎地域等における集落再編成の新たなあり方に関する調
査報告書（平成 13 年 3 月）』2001（76 ページ、図 IV-6 より抜粋）

る人もいるが、自主再建型移転は移転した当事者から高く評価されている。
　『撤退の農村計画』第 4 章第 4 節（齋藤晋氏執筆）で登場した鹿児島県阿久
根市本之牟礼の自主再建移転を少し紹介しておきたい。1989 年、山間地域に位
置する本之牟礼の 7 世帯が阿久根市役所のすぐ近くの小さな団地に向かった、
という事例である[*16]。詳しくは『撤退の農村計画』に記されたとおりであるが、
特に重要なところとして、「移転した住民の声」（下のかぎかっこの部分）を紹
介しておきたい。

（前略）「移転したとはいっても、周りは知った顔ばかりなのでこころづよい」「周りも自然に囲まれているので、以前住んでいた場所から遠く離れてしまったという感覚もない」とのことで、居心地はわるくないようである。（改段）もしも、もとの集落に住み続けていたらどうか。「若い時には多少不便な場所でも原付などを使って移動すればどうってことないと思って（移転前の地区に）住んでいたが、歳をとってみると、とてもそこには住み続けられなかったのではないかと思う」とのこと。*16

　今も昔も、何かを求めて都市に向かう人は少なくない。ただし、基本的には、個別・ばらばらの転出であり、地縁的なつながり、それに由来する安心感が損なわれつつあると筆者は考えている。上のひと言、「周りは知った顔ばかりなのでこころづよい」のひと言には非常に重いものがある。本之牟礼の自主再建型移転の場合、移転後も地縁的なつながり（安心感）がある程度維持されているということである。

表 4·3　集落移転の事業内容及び進め方についての不満

集落移転の事業内容及び進め方についての不満	複数回答 N=88
移転にかかる個人の費用負担や支出が大きかった	32 （36.4%）
集落内で住民の意見をまとめるのが大変であった	23 （26.1%）
住んでいた家や土地の手入れ、管理、売買などに対する対策が不十分であった	10 （11.4%）
移転するまでに時間がかかりすぎた	10 （11.4%）
移転先が希望どおりの場所ではなかった	9 （10.2%）
もとの集落にある神社や仏閣、墓などに対する対策が不十分であった	8 （9.1%）
役場から住民への説明や話し合いが不十分であった	8 （9.1%）
個人的な相談にのってもらえなかった	6 （6.8%）
住んでいた家を移築できるようにしてほしかった	6 （6.8%）
高齢者の生活に配慮した住宅にしてほしかった	4 （4.5%）
集落でいっせいにではなく、準備ができた人から移転できるようにしてほしかった	2 （2.3%）
最初は季節的に移住し、徐々に移転できるようにしてほしかった	2 （2.3%）
戸建て住宅ではなく、集合住宅にしてほしかった	1 （1.1%）
その他	6 （6.8%）

・かっこ内は回答者数の 88［人］に対する選択率。
出典：総務省自治行政局過疎対策室『過疎地域等における集落再編成の新たなあり方に関する調査報告書（平成 13 年 3 月）』2001（80 ページ、図 IV-10 より抜粋）

後半の「若い時には（後略）」の部分も示唆に富む。移転の効果は、個々人の状況の変化（時間の経過）により変化するものとみるべきであろう。自主再建型移転を評価するときは、長期的な時間スケール、長期にわたるモニタリングが不可欠と考えている。

　なお、『撤退の農村計画』で取り上げた本之牟礼の現地調査は 2008 年のものである。それから 7 年後の 2015 年、今度は、浅原氏が本之牟礼を訪問している。この文脈では余談となってしまうが、同氏の記録[*17]によると、残念ながら家屋の大部分が崩壊とのことであるが、元住民の花見は続いているようである。

（3）移転に関する不満

　移転に関する不満を表 4・3（図 4・10 と同じアンケート）に示す。最も多いものは、「移転にかかる個人の費用負担や支出が大きかった」であり、複数回答における選択率は 36.4％であった。金銭的な支援があるとはいえ、個人の負担も小さくないことには注意が必要である。

３　北秋田市（旧）小摩当の「自主再建型移転」：移転の原動力とは

（1）「先見の明」の大切さを示してくれる事例として

　本節では、自主再建型移転の事例を二つ紹介する。一つ目は、比較的緩やかな山のなかに位置する秋田県北秋田市（図 4・11）「小摩当」である。この事例のポイントは、「新旧」居住地の環境の違い、先見の明である。

　移転前の小摩当は、北秋田市役所から 8km の場所に位置していた[*18]。険しい山ではないが、四方を緩やかな山に囲まれた場所である。佐藤氏の記録[*19]によると、1972 年、全戸 11 戸が、沢口小学校の跡地（筆者補足：ふもとの水田地帯）に整備された団地に移転している（移転前の小摩当はそのときに無人となる）。少しそれるが、小摩当の移転は、今後増加する可能性が高い廃校の跡地活用の

図 4・11　秋田県北秋田市の位置（灰色部分）

事例としても興味深い。

　前述の本之牟礼の移転[*16]でも重要なキーワードとなっていたが、ここでも「先見の明」が成功の要因の一つになっている。「佐藤氏の記録」の「移転者ひとこと」コーナーには、元住民（話し手）の父親が「移転して良かったと思う日が必ず来るから」と動き回ったこと、現在、皆が喜んでいることが記されている[*19]。移転を選択する場合に限られたことではないが、この世に「集落存続の特効薬」というものが存在するとすれば、それは「先見の明」であろう。

(2) 2015 年の状態：旧小摩当は今も健在

　混乱を防ぐため、以下、移転前の小摩当を「旧小摩当」、移転先団地の小摩当を「新小摩当」と呼ぶ。筆者は、旧小摩当・新小摩当をいずれも 2 回訪問している。1 回目は 2015 年 2 月に浅原氏と筆者の 2 名で、2 回目は同年の 10 月に浅原氏・成瀬氏・筆者の 3 名で向かった。天気はわるくなかったが、訪問 1 回目の旧小摩当では、厳しい冬の景色を見ることとなった（図 4・12）。一方、平地の水田地帯に位置する新小摩当（図 4・13）は、2 月にもかかわらず、雪が少なく、周辺にも活気があり、あくまで筆者の感覚ではあるが、圧倒的な安心感があった。

　図 4・14 は、訪問 2 回目、秋の旧小摩当の様子である。単純に考えれば無住化から 43 年も経過している

図 4・12　冬（2015 年 2 月）の旧小摩当

図 4・13　冬（2015 年 2 月）の新小摩当

図 4・14　秋（2015 年 10 月）の旧小摩当

わけであるが、「旧小摩当は今も健在」といってよいのではないか。小摩当については、1997年発行の『秋田・消えた村の記録』[*19]、2015年の現地調査が収録された『秋田・廃村の記録』[*18]も参考にしてほしい。

（3）暮らしやすさは冬で評価すべき

ここで一つだけ加筆しておきたい。農村の暮らしやすさをみる場合は、<u>冬の季節に訪問することを強く推奨する</u>。春や秋といった穏やかな季節だけをみて「まだまだ大丈夫」と判断するようなことは避けるべきである。『誰も教えてくれない田舎暮らしの教科書』[*20]でも、厳寒期に訪問し、その気候に耐えられるかを見極め、覚悟を決めることが推奨されている。

4　米原市太平寺の「自主再建型移転」：移転先で発展

（1）伊吹山の斜面から近くの平地へ

自主再建型移転が成功し、移転先で集落が発展した事例として、滋賀県米原市太平寺の移転を紹介しておきたい。2014年、筆者らは太平寺の自主再建型移転を調査した[*21]。

米原市（図4・15）は、古くから交通の要衝として有名であり、高山植物の宝庫といわれる伊吹山（図4・16）があるなど、自然環境にも恵まれている。2015年国調人口は約3万9千人であるが、市内に人口集中地区は存在しない。

米原市役所本庁舎から「移転前の太平寺」の距離は18.4km（車で30分）、移転前の太平寺の標高は451m、年最深積雪は38cmである。伊吹山の斜面に位置し、一帯の地形はかなり険しい。グーグルマップで検索すれ

図4・15　滋賀県米原市の位置（灰色部分）

図4・16　伊吹山山頂付近

ば出てくるので（2022年12月5日確認）、3D表示でその険しさを一度確認してほしい。

（2）円空の観音像とともに山を降りる

1964年、近くのセメント会社の協力を受け、太平寺の住民はふもとの平地に集団で移住した。移住先の団地は「大平地区」と呼ばれている（「太」「大」の漢字の違いに注意）。建て直しだけでなく、移築された家もあったという。その際、太平寺の住民の心のよりどころと考えられる「円空の観音像」も一緒に山を降りている。

（3）移転先で集落が発展：世代交代も順調

自主再建型移転に反対した住民はなく、移転者から高い評価を受けているという。太平寺の移転で特筆すべきは、移転先である大平地区の発展であろう。移転時の大平地区は16戸であったが、分家が家を建てたり、親せきが別のところから引っ越してきたりで、33戸に増加している。3世代同居が見られるなど、家レベルの世代交代も順調であるという。

（4）2014年の状態：
自然に覆われる「移転前の太平寺」

筆者らは太平寺と大平地区の両方を訪問している。移転前の太平寺では記念碑（図4・17）が見られ、以前人の手が入っていたことを示唆する

図4・17　太平寺の記念碑

図4・18　太平寺の石垣

図4・19　太平寺を覆いつつある雑草雑木

要素（図4·18）も散見されたが、全体的にみると、図4·19のように自然に戻りつつあった。移転先である大平地区の景観は、空間的に余裕のあるニュータウンという感じであり、家庭菜園なども見られた。団地といっても、どこか落ち着きのある場所である。

（5）それでも再興の可能性が残る「移転前の太平寺」

この場で太平寺や大平地区の将来について議論することは難しいが、移住先の現状をみるかぎり、太平寺（大平地区）は「移転後に発展した」といってよいのではないか。心のよりどころと考えられる「円空の観音像」が健在であることも、歴史的連続性の保持という点で非常に心強い。現在、当事者が希望しているかはさておき、将来、太平寺をもとの山中で再建することも不可能ではない。

5 自主再建型移転のメリットが小さい場合：特に慎重になるべき状況

（1）メリットとデメリットを比較して考える

次は、これから自主再建型移転を実施する視点で考えてみよう。あとで具体例を示すが、自主再建型移転には年単位の時間がかかる。ある程度の支援があるとはいえ、金銭的な負担も軽くない。心理的な負担や抵抗感も小さくないと思われる。移転を実施するのは、それだけのデメリットと比較して圧倒的なメリットが期待できる場合だけである。メリットとデメリットの量的な比較が重要であり、「メリットがあるから（デメリットに関係なく）実施」「デメリットがゼロでないから却下」という話ではない。細かいことであるが、そもそも、デメリットがない集落づくりなど存在しない。

以下、特に慎重になるべき状況として、移転のメリットが小さいと思われる場合を三つ示す。

（2）移転のメリットが極めて小さい場合：移転不要

当たり前であるが、「この先も今の場所で生活できる世帯」が大多数を占めるという場合、自主再建型移転のメリットは極めて小さい。デメリットと比較するまでもなく、移転を実施すべきではないと考えられる。

ただし、そこで注意すべき点は、「この先」の時間スケールである。短くとも10年、できれば20年先まで考えた上で生活の持続性を判断してほしい。分か

らないことが多いと思われるが、自分や関係者の年齢に 20 を加え、「20 年先は
どうなっているか」について想像してほしい。屋根の雪下ろしは大丈夫か。息
子や娘の世帯が戻ってくる可能性はどうか。近所の助け合いはどこまで当てに
なるか。自分や配偶者が病気がちになっていたらどうなるか。その種のことも
含め、ていねいに考えることが求められる。

（3）移転のメリットが限定的となる三つのケース：特に慎重になるべき場合

①個別の移転先がある

　次は、移転のメリットが限定的となる場合（メリットとデメリットの比較に
おいて特に慎重になるべき場合）を三つ示す。

　第一は、各世帯に、個別の移転先候補が存在する場合である。「健康的に生活
できる別の場所（その多くは息子や娘の自宅）があり、いざとなったら、いつ
でもそちらに移転できる世帯」が大多数を占める場合、自主再建型移転のメリ
ットは限定的と考えたほうがよい。

　ただし、いざというときの個別の移転先として息子や娘の自宅があったとし
ても、そこが「健康的に生活できる場所」とはかぎらないことに注意が必要で
ある。例えば、変化の少ない農村から一度も転出した経験がない高齢者、長く
土壌と接しながら生きてきた高齢者にとって、大都市の家屋やマンションは、
息子や娘の住まいであったとしても、「健康的に生活できる場所」とはいえない
かもしれない。

②冬が厳しくない

　第二は冬が厳しくない場合である。自主再建型移転が力を発揮するのは冬の
厳しい季節ということを考えると、冬が厳しくない場合、移転の効果は小さい
ということになる。「南国」鹿児島県の本之牟礼であっても、移転は高く評価さ
れているが、雪が少ない場合、移転のメリットは限定的と考えるべきであろう。

③高齢者（特に後期高齢者）の割合が高すぎる

　第三は高齢者の割合が高すぎる場合である。自主再建型移転にはある程度の
年数が必要である。**4・2・2** で触れた本之牟礼の場合、1985 年 5 月に市議会議員
を通じて地元住民の意向が伝えられ、同年 12 月には全員の意思決定が確認さ
れたわけであるが、1987 年 6 月に「4 度目の移転先候補地提示（協議成立）」、
造成工事着手は 1988 年 12 月、最終段階の「移転者から補助金支払請求」は 1990

年3月である[*22]。意思決定確認から最終段階の間に4年以上の時間が流れている。

　例えば、集落全員が76歳とすると、移転が一段落したとき、全員が80歳になっている。そうなると、移転のありがたみを享受できる期間（80歳時点の平均余命）は、男性で約9年、女性で約12年にすぎない（表1・1（P.14）参照）。その年数をどのようにみるかについては意見が分かれるところであろうが、筆者の感覚では短い（移転のメリットは限定的）。従来型の自主再建型移転のメリットが大きいのは、高齢の手前、65歳未満の住民が一定数存在する集落と筆者は考えている。

6　移転成功のポイントは当事者全員の「納得」

（1）当事者全員で時間をかけて議論

　自主再建型移転に向かうなら、当事者全員で時間をかけて話し合い、しっかりと納得して決断することを強く推奨する。決断時の「納得の程度」が大きいほど、移転後の評価も高くなるであろう。移転のメリットを客観的な数字（例：積雪量、標高、スーパーや病院までの距離）の変化だけで機械的に決めるようなことは厳禁である。

（2）議論をかみ合わせる

　自主再建型移転に関する議論にかぎらず、議論をかみ合わせる上では、「こうする／しない（WILLの層）」「したい／したくない（WANT TOの層）」「すべき／すべきでない（SHOULDの層）」「できる／できない（CANの層）」の違いを強く意識することが肝要である。「こうしたい」に反対するなら「したくない」、「すべき」に反対するなら「すべきでない」、「できる」に反対するなら「できない」をぶつける必要がある。かみ合わないほうの例であるが、「集落の現状維持は難しい」（できない）に対し、「集落の現状を守らなければならない」（すべき）という主張を延々とたたきつける、といったことは建設的とはいえない。アンケートをする場合も、前述の四つの層を区別し、下手に混ぜないように注意してほしい[*23]。

　自主再建型移転は、基本的には、「住み続けたいが住み続けることが難しい場合」の次善策の一つである。「こうしたい／したくない」と「できる／できない」を区別することが非常に重要である。

7 実施数の減少要因から考える「次世代型移転」

(1) 自主再建型移転の減少要因

　さらに一歩進め、ここでは次世代型の移転について考えてみたい。ただし、まずは過去の振り返りである。表4・1で示したとおり、集落移転事業の実施数は大きく減少した。次世代型移転について言及する前に、集落移転事業が減少した背景や要因について少し考えてみよう。

　『撤退の農村計画』のなかで、前川英城氏は、そのあたりについて、次のように述べている。少し長くなるが、重要な指摘なので直接引用という形で紹介しておきたい。

　　（前略）「第三次全国総合開発計画」（三全総）における「定住圏構想」の成
　　立が影響して、集落移転は大きく後退した。この時期（1980年から1989
　　年まで：筆者補足）になると、モータリゼーションの波が中山間地域にも
　　伝わり、自家用車が普及した。集落が移転しなくても定住圏の中心集落と
　　各集落とを道路で結ぶネットワークができれば、「へき地」は解消されると
　　考えられた。[24]

　一口でまとめると、道路を整備すれば集落移転は不要という考え方が、移転を減少させたということである。背景に道路整備があることについては筆者も同感であるが、それ以外にもあると考えている。何度も登場している「佐藤氏の記録」の「移転者ひとこと」コーナーには[19]、集団か個別かはさておき、転出の理由として、子どものため・子どもの将来のため、といったものが散見される。一方、山間地にかぎらず、日本の年少人口の割合は大きく低下した（図4・20）。2020年についていえば、全国の0〜14歳人口は12.1％にすぎない。表4・4の「山間地」をみると、14歳以下が0％の集落も珍しくなく（6,350集落）、多くの場合は10％未満である。10戸20人程度の小集落であれば、14歳以下がいたとしても2人（＝20×0.1）程度ということになる。その2人がきょうだいと仮定すると、14歳以下がいる家はわずか1戸であり、それは、全体として移転のメリットがかなり低いことを意味する。

図4·20　全国の 0 〜 14 歳人口の割合 [%]
（出典：総務省統計局統計調査部国勢統計課『国勢調査』）

表4·4　地域区分別·集落人口に占める 0 〜 14 歳人口割合別集落数（過疎地域のみ）
（上・集落数、下・構成比 [%]）

	0%	1 〜 4.9%	5 〜 9.9%	10 〜 14.9%	15 〜 19.9%	20%〜	無回答	計
山間地	6,350 31.9%	3,490 17.5%	5,458 27.4%	2,853 14.3%	887 4.5%	484 2.4%	410 2.1%	19,932 100.0%
中間地	2,670 14.2%	3,104 16.6%	6,605 35.2%	4,191 22.4%	1,208 6.4%	546 2.9%	415 2.2%	18,739 100.0%
平地	1,530 7.8%	2,372 12.1%	6,944 35.3%	5,584 28.4%	1,927 9.8%	952 4.8%	369 1.9%	19,678 100.0%
都市的地域	251 5.7%	418 9.4%	1,526 34.5%	1,503 34.0%	526 11.9%	177 4.0%	23 0.5%	4,424 100.0%
無回答	72 15.5%	63 13.6%	173 37.3%	115 24.8%	22 4.7%	8 1.7%	11 2.4%	464 100.0%
合計	10,873 17.2%	9,447 14.9%	20,706 32.7%	14,246 22.5%	4,570 7.2%	2,167 3.4%	1,228 1.9%	63,237 100.0%

出典：総務省地域力創造グループ過疎対策室『過疎地域等における集落の状況に関する現況把握調査報告書（令和2年3月）』

（2）次世代型移転について：高齢者特化型の移転手法

　子どもがほとんどいない以上、現在の自主再建型移転には、過去ほどの絶大なメリットはない。移転にも、「改修」「アップデート」というものが必要であろう。多種多様なアップデートが考えられるが、まず思いつくのは、高齢者特化型の移転手法の開発ではないか。

　高齢者への配慮については、前述の前川氏も指摘している。同氏は、移転に

関する「課題と対策」の一つとして「高齢者が生活しやすい住環境を整備する」をかかげ、これからの集落移転事業では「高齢者の生活に配慮した住宅にしてほしかった」という不満が上位に表れると予想し、対策として、高齢者の希望に配慮した広さや間取りを持つ住宅を建てること、(場合によっては)集合住宅を建設すること、移転先にも小さな田畑を準備することをあげている[*24]。筆者としては、さらに一歩進め、「移転候補地からのアプローチ」に光を当てることを推奨したい。例えば、「小さな拠点」(3・3・2参照)についていえば、整備する際、周囲にある程度の空き地を確保し、将来的な移転先候補地としておくことが望ましい。将来的に移転先候補地となる可能性を考慮して、「小さな拠点」を整備する場所を決める、といったことも一考の価値がある。

　なお、前川氏は、これからの集落移転事業の「課題と対策」として、「高齢者が生活しやすい住環境を整備する」以外にも次の4点、①移転費用の個人負担をなるべく少なくする、②合意形成を支援する、③集落跡地を確実に管理する、④徐々に移転(選択肢として)を提示している[*24]。すべてを追い求めることは難しいと思われるが(「確実に」となると特に③は厳しい)、この先、検討すべき点として記憶しておくべきであろう。なお、④については次の項で掘り下げる。

8　漸進的な集落移転：結果としては自主再建型移転という形

(1) 同じ場所に向かう「個別」の移転

　自主再建型移転では、原則全員が同じ場所に移住することになるが、同じ場所に移住ということであれば、個別の移転でも可能である。つまり、最終形としては自主再建型移転と同じような形になるが、移転のタイミングは個々の判断にまかせるという形(ここでは「漸進的な集落移転」としておく)も考えられる。

　先ほどの前川氏の指摘で登場した「徐々に移転」式の集落移転事業も、漸進的集落移転に含まれることになる。ここで、「含まれる」(それ以外の形もある)としたのは、漸進的な集落移転は、「事業」(大規模で社会的な仕事)という形をとらなくても実践できるからである。特段難しいことではない。漸進的な移転は、「通院や通学などの都合で町場に転出する場合は、皆、できるだけB団地に行くように」といった感じで全戸が約束するだけでも実現可能である。

		集団移転	個別移転	計	
集住型	団地あり	15 (21)	0	15 (21)	33 (48)
	集住あり	12 (19)	6 (8)	18 (27)	
分散型		24 (11)	5 (3)	29 (14)	
計		51	11	62	

・集団移転は、集落再編事業など、個別移転を除くすべて。
・カッコ外の数字は「5戸以上の団地・集住あり」を、カッコ内は「3戸以上の団地・集住あり」を数えたもの。
出典：浅原昭生・林直樹『秋田・廃村の記録―人口減時代を迎えて（第2版）』発行者：秋田ふるさと育英会、編集・発売：秋田文化出版、2019（初版は2016）

（2）漸進的な集落移転の実施状況

　漸進的な集落移転について少し細かく見ておこう。はじめに思い浮かぶ基本的な問いは「そのような移転がどの程度あるのか」ではないか。その点については、浅原昭生氏が一つの答えを出している。表4・5を見てほしい。少し補足すると、廃村（≒無住集落）の元住民が、現在、地理的にまとまっている場合が「集住型」である。「（集住型の）団地あり」は、集住型の移住先が団地の場合、「（集住型の）集住あり」は、集住型ではあるが移転先が団地ではない場合を指している。なお、まとまっているかの基準として、「移転先5戸以上で『まとまりあり』とする」と「3戸以上」の二つがあることにも注意してほしい。

　「集団移転」で集住型（団地あり・集住あり）が多いことは当然かもしれないが、「個別移転」でも11集落中6集落（5戸以上基準の場合）、8集落（3戸以上基準の場合）が集住型（集住あり）となっている。このデータをみるかぎり、漸進的な集落移転は特段珍しいものではない。

　少しそれるが、この表について筆者は、「集団移転であるが分散型」が少なくないことに驚かされた。一度同じ場所に移住したあと分散したということもありうるが、はじめから移住先が分散と考えるほうが自然であろう。集団移転と集落移転は同義ではない、ということになる。

（3）同じ場所に向かうことの意義

　次は「同じ場所に向かうことのメリットは何か」であるが、答えの一つはすでに出ている。それは、四散するように転出するのと比較した場合、地縁的なつながり（安心感）を維持しやすいことである。元住民が地理的にまとまっていることは、無住集落の田畑・家屋・神社の維持に対してもプラスに働く可能性が高い。

4·3

大きな差を生む「個別の具体策」：土地利用や居住地以外で

　本節では、土地管理（4·1）、居住地（4·2）以外の重要な具体策を述べる。テーマは大きく4点、すなわち、①記念碑の整備や墓地の再整備、②生活生業技術の計画的な保全、③健康づくり、④ワークショップなどのソフト関連である。また、キーワードは、①が「無住化してからでも間に合う」、②が「レッドデータブック」「再現」、③が「鍼灸」である。

1　無住になってからでも間に合う「記念碑の建立」

（1）記念碑の意義・整備状況

　無住集落に限られたことではないかもしれないが、集落の概要を示した記念碑類（図4·21）は、集落の存在を広く長く伝える上で非常に重要である。

　2016年の農業農村工学会大会講演会で、浅原昭生氏は、秋田県の離村関連記念碑（以下「記念碑」）について口頭発表を行っている（筆者

図4·21　記念碑の一例：写真の人物が浅原氏

との共同研究）。その要旨には、62集落中15集落で記念碑が見られたこと、記念碑は条件の厳しい集落に多いこと、現地調査の際、集落（跡）の場所を確認する上で記念碑が大きな役割を果たしたことなどが記されている[*25]。

　62集落中15集落といえば、「1／4」以下であり、記念碑の整備は「これからが正念場」ということになる。

（2）無住化から43年で記念碑が建立された京都府京丹後市（丹後町）力石

大火により無住化した力石

　記念碑の建立自体は無住化のあとでも可能である。ここでは、全滅的な大火

から61年、無住化から43年で記念碑が建立された京丹後市（丹後町）力石を紹介する。力石は京丹後市北東部の山間地域に位置する無住集落であり、京丹後市役所本庁舎から力石までの距離は17.0km（車で24分）、力石の標高は230m、年最深積雪は34cmである。

　力石は、少なくとも中世からの長い歴史を有しているが（中世は「ちからいしの里」）、1957年4月7日の大火で26戸中24戸が焼失、1975年、全戸離村に至っている[*26]。

力石碑建立除幕式に参加

　2018年4月7日、全滅的な大火から61年、無住化から43年にして記念碑が建立された。筆者は小山氏とともに力石集落で開催された力石碑建立除幕式に参加した。車の通行は可能であったが、道は険しく、すれ違いとなれば悪夢のような場所が多かったが、会場に到着すると多くの人々が集まっていた。少し肌寒い日であったが、盛大な式が実施された（図4・22）。

　姿を現した力石の記念碑はとても立派なものであった（図4・23）。碑文には集落の概要や大火の様子などが刻まれているが、その最後には次のようなくだりがある。

　　先人達が、幾多の苦労の道のりを経て、命を繋いできた努力に感謝の誠を捧げ「ありがとうを申し上げ」安らかな永久のねむりを心からお祈りします。（改段）ひ孫の世代さらに先になるかもしれないが集落再興の時代が訪れることを願います。

図4・22　力石碑建立除幕式

図4・23　力石の記念碑（力石集落之碑）

平易な文章であるが、関係者の複雑な思いがにじみ出ている。前半部分だけであれば、墓石のような印象を受けるところかもしれない。しかし、最終的には希望のある書き方となっていることを強調しておきたい。この碑文は、力石の消滅宣言ではなく、「休眠宣言」とみるべきであろう。

図4・24　力石の記念碑に設置されたポスト（2022年5月撮影）

その後の記念碑：ひと言を残すためのノート

その後、力石の記念碑の近くに、訪問者がひと言を残すためのノートが置かれるようになった。図4・24は、そのノートが入ったポストである。それを見るかぎり、訪問の頻度は低くないようである。

2　墓石や墓地の移転や簡素化：脱墓石も現実的な選択肢

(1) 墓石や墓地の管理に不安がある場合

次は、墓石や墓地の管理が放棄される、荒廃する、といった問題について考えてみよう。農村地域に限られたことではないが、墓地や墓石の継承は非常に大きな課題であり、少子化のなか、この先、いっそう難しくなる可能性が高い。

現在だけでなく、将来的にも、墓石や墓地の管理に不安がない場合は、特段の変更は必要ない。現地の墓石や墓地が「元住民と現地」を精神的につないでいるといったプラスの効果も考えられる。一方、今後に不安がある場合は、早い段階で納得できるまで話し合い、単純な意味での移転や簡素化を行ったほうがよいと思われる。「お性根抜き」などでただの石に戻ったものであっても、荒廃した元墓石は周辺の雰囲気を悪化させる可能性がある。

(2) 将来的な墓地簡素化の可能性

筆者のゼミに所属していた渡邉陽氏は、墓地の簡素化には、弔われる側（親）と弔う側（子）の同意が必要という意識のもと、「個人の墓石墓地」を基準とした簡素化の可能性について言及している。農村地域に限定したものではないが、図4・25は、親子へのアンケート結果の一部であり、「親に対しては自分自身、

子に対しては自分の親」の弔い方簡素化の可能性（基本的には、支持または容認なら実現性あり）を示したものである（簡素化の種類別）。それらの数値をどのようにみるかについては、意見が分かれるところであるが、その図をみるかぎり、「非現実的」というレベルではない。

　筆者としては、脱墓石の「親子の実現可能率」が50％を超えていることが興味深い。一生同じ場所に住み続ける人は、この先、かなり珍しくなるのではないか。移動可能な「墓石に代わるもの」が登場することを切に願うところである。

（3）話し合いが必要

　現在・将来を問わず、墓石や墓地の簡素化には、多くの関係者の納得が必要と思われる。家族親戚だけでなく、それ以外の集落関係者の納得が必要になることも考えられる。集落関係者が四散しつつある集落の場合、墓地のあり方についても、早めに話し合っておくことが望ましい。

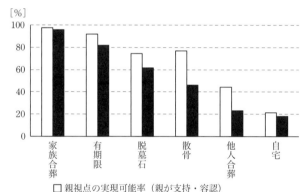

・割合の分母は集計対象の「親」の人数

（図中の用語）
家族合葬：遺骨を「家族・親戚」の範囲で一緒にする。
有期限：一定の期間がきたら、管理の負担を軽減するため、遺骨を納める場所や
　　　納め方を簡素化する。
脱墓石：モニュメントを墓石以外にする。
散骨：遺骨を残さない。
他人合葬：遺骨を「家族・親戚」以外の人と一緒にする。
自宅：遺骨を自宅に安置する。

図4・25　簡素化墓地の実現性
（出典：渡邉陽・林直樹「墓地簡素化に関する基礎的研究：期限付きの管理を中心に」『農業農村工学会京都支部）第77回研究発表会講演要旨集』（令和2年12月）127-128、2020）

3 生活生業技術の計画的な保全と記録方法

(1) 残された時間は長くない

生活生業技術の価値については、2・3・6で述べたとおりであるが、マンパワーが不足するなかでそれを守るとなると決して容易なことではない。しかも、現在の高齢者が姿を消すことは、「高齢者の頭と手足が記憶した生活生業技術」も消滅することを意味する。残された時間は長くない。すべてを保全することは不可能と考えるべきであろう。

そのため、少し遠回りに見えたとしても、「個々の生活生業技術に関する絶滅の可能性」と「潜在的なものも含めた個々の生活生業技術の価値」の両方をていねいに検討し、優先的に守るべきものを明確にする必要がある。

(2)「生活生業技術版レッドリスト」の必要性

まず筆者は、生活生業技術についても、レッドリスト（絶滅のおそれのある野生生物の種のリスト）のようなリストが必要と考えている。人口統計学なども駆使し、できるだけ客観的に絶滅の可能性を評価することが望ましい。

筆者が知るかぎり、先駆的な事例は、新潟県上越市・かみえちご里山ファン倶楽部の「伝統生活技術レッドデータ」であり、そこでは、個人レベルでの技術伝承の猶予期間（＝80年－年齢）に注目し、危機レベルを整理している[*27]。

(3)「何となく記録して何となく満足」では不十分

繰り返しになるが、継承のためのマンパワーは限られている。「少ない」と断言してもよいであろう。実践的な維持に固執せず、「現代的な装置」についても積極的に活用すべきであろう。生活生業技術のなかには、文章や写真に記録しておけば保全できるもの、動画に記録しておけばよいものも少なくないと思われる。ただし、ここで極めて重要なことは、必要なときに再現できるかである。「記録から再現できるか」のチェックが非常に重要であることを強調しておきたい。「何となく記録して何となく満足」ではあまり意味がない。

(4) 生活生業技術を集約的に保全する「種火集落」の形成

生活生業技術のなかには、「実践活動以外に伝承の方法がない」というものも少なくないと思われる。ここで再びマンパワー不足が問題になるわけであるが、集落単独で維持することは不可能とみたほうが無難である。「例えば」であるが、

複数の集落を含む小学校区レベルで力をあわせ、生活生業技術を維持するほうが現実的であろう。その際は山奥に「生活生業技術を維持するための拠点」を構築することを推奨したい。

筆者らは、そのような集落を「種火集落」と呼んでいる[*28]。厳密にいえば、生活生業技術の「種火」を残すための拠点集落である。なお、「拠点」といえば、前述の「小さな拠点」を思い出すかもしれないが、それとは役割が全く異なる。種火集落は「山の厳しさと戦う最前線の拠点」であり、「小さな拠点」は「後方の補給拠点」と考えれば分かりやすいかもしれない。

4　建設的な縮小を視野に入れたワークショップ

(1) 悲観的な状況を直視したワークショップ

集落づくりでワークショップ（以下「WS」）という場合は、一定のテーマに対し、住民が主体的に話し合い、模造紙などにまとめるという活動を指すことが多い。少し話がそれるが、筆者が教員として過去所属していた「東京大学ソーシャル ICT グローバルクリエイティブリーダー育成プログラム」では、多彩な WS が実施され、アーカイブ化されている[*29]。むらづくりで参考になる事例も多いと思われる。

高度なものもあるが、レベルを問わなければ、WS そのものは特段難しいものではない。問題は話し合いのテーマであり、本項では「悲観的な状況を直視した WS が実施可能か」という問いを設定し答えてみたい。

結論からいえば、「実施可能」である。ただし、「過度に悲観的な思考にならないような工夫」が必要と考えるべきであろう。その工夫として考えられることは、次の2点、①適切な情報を提供すること、②悲観的な予想と楽観的な予想を同時に考えることである。

(2) 適切な情報を提供

極端な過疎や無住集落については過度にネガティブなイメージが先行している可能性がある。WS の前に、ある程度の時間をかけて、極端な過疎や無住集落などの現状を調査し、WS 参加者に伝えることが望ましいと思われる。無論、無理に明るく伝える必要はない。

(3) 悲観的な予想と楽観的な予想を同時に考える

　過度に悲観的な思考は「思考停止」につながりやすいと筆者は考えている。話し合いでは一定の「明るさ」「希望」が求められる。一方、「ただひたすら明るく考える」というのも一種の思考停止といわざるをえない。筆者としては、悲観的な予想と楽観的な予想を同時に考えることを推奨したい。

　筆者がコーディネーターとして参加した長野市旧中条村伊折地区での住民WSでは、グッドシナリオ・バッドシナリオの両方を想定し、土地管理の構想を作り上げた。そのときの詳細については、国土審議会計画推進部会国土管理専門委員会の資料に掲載されている[*30]。この先のWSの実施においても大いに参考になると思われる。

5　シミュレーションゲームの開発および活用

(1) 集落づくりにおけるシミュレーションゲームの可能性

　3・3・4 コラム「行政へのお願い⑭」で示した「シミュレーションゲームの開発」について違和感を覚えた方も少なくないと思われるが、「長期的な集落づくり」、多種多様な状況を想定する「集落づくり」は、シミュレーションゲームと非常に相性がよいと筆者は考えている。

　無論、その種のゲームだけですべてが解決するとは思っていない。加えていえば、ゲームの開発には膨大なエネルギーが必要である。集落づくりにおけるゲームの開発および活用については、「どの段階で」「どのような効果を期待して」「どのようなゲームを使用するか」といった問いが重要である。

　なお、ゲームは大きく二つ、デジタルと非デジタル（カードゲームやボードゲームなど）に分けることができるが、筆者としては、「会話が弾む」「現場でのカスタマイズが容易」といった理由から、一見時代遅れの「非デジタル」の活用を推奨したい。無論、「デジタル」にはデジタルとしてのよさがあり、それ自体を否定するつもりはない。

(2) 人口の減少を考えるためのボードゲーム

熊木川流域環境形成ゲーム

　一例として、筆者のゼミに所属していた野村桃子氏を中心としたグループが開発した「子ども向けボードゲーム（熊木川流域環境形成ゲーム）」を紹介して

おきたい（図4・26）。子ども向けで
はあるが、大人でも楽しむことがで
きるものとなっている。なお、この
ゲームの開発は、住友財団の環境研
究助成[31]の支援を受けて実施され
たものである。

関連事項として「流域」について
説明する。流域とは、ある河川に対
し、そこに水を供給する地域（雨水

図4・26　熊木川流域環境形成ゲーム

が降る範囲）のことであり、その流域に降った雨水などは、すべてその河川に
流れ込むことになる。なお、『撤退の農村計画』のなかで、前田滋哉氏は、「（前
略）流域の住民は、治水・利水などにおいて、『運命共同体』ということができ
る」と述べ、水を通じた地域のつながりについて具体例を使って示している[32]。
筆者も、地域づくりについて、流域単位で考えるべきことが多いと考えている。

話を本筋に戻す。このゲームの開発および実践の目的は、子どもたちに、「人
口が減少するなかでの流域や沿岸における開発や管理」のあり方を考えさせる
ことである。4人1組で協力するゲームであり、地図上で林業関係者・漁業関
係者・土木関係者・公務員（林業・漁業・土木を支援可能）のコマを動かし、
植林、人工林の保全、人工林での災害の復旧、道路の建設、「カキだな」（カキ
の養殖を行う施設）の設置を行う。また、大雨といったイベントがあり、一定
の条件がそろうと森林が荒廃することになる。

このゲームの最大の特徴は、ゲームの中間で世代交代が起こり、コマの数が
一気に半減することであろう（人口の減少を反映）。そのため、基本的に、前半
は「攻めの地域づくり」、後半は「守りの地域づくり」となる。最終的には、健
全な人工林、カキの養殖を行う区域、荒廃した人工林（減点要素）の数で得点
が決まる。後半の守りをイメージしながら、前半での開発を行うことが高得点
獲得のためのコツとなっている。

長期的な集落づくりへの応用

熊木川流域環境形成ゲームについては、小学校で実践され、一定の評価を得
ている[33]。熊木川流域環境形成ゲームは、「流域づくり」のゲームであり、「集

落づくり」のためのゲームではない。しかし、「中間で世代交代が起こり、コマの数が半減する」といった仕組みは、「次の時代のことも考えておこう」といった流れにつながりやすいため、「長期的な集落づくり」を意識したゲームづくりでも有用と思われる。

　そのほか、栢場瑠美氏（本書執筆時、筆者のゼミの学生）は、時代の変化に伴う価値観の変化を「体験」できるボードゲームを開発している[34]。デザインは大変であるが、ゲームの世界であれば、そのような要素を組み込むことも可能となる。

意外に大変な資金集め：クラウドファンディングも活用

　デジタルであれ、非デジタルであれ、本格的なゲームづくりには、かなりの時間と資金が必要になる。資金については、クラウドファンディング（インターネット上での資金集め）といった現代的な手法の活用も検討すべきであろう。筆者の身近なところでは、松木崇晃氏・今井修氏・吉田浩平氏・城石一徹氏のグループが、「クマとヒトの共存について考えるためのボードゲーム」の開発に向けてのクラウドファンディングを行い、100万円を超える資金を集めた。

6　生活を総合的にサポートする「現代版里山鍼灸師」の確立

　4・1・4 では、土地管理における「薄く広く」について述べたが、「薄く広く」という考え方は、高齢者の健康づくりにおいても効果的である。

　その有力候補の一つが鍼灸、すなわち、「はり」と「きゅう」である。都市・農村を問わず、鍼灸は、既存の医療システムを薄く広く補完するものとして期待できる。

　ここでは軽く触れるだけにとどめるが、東洋医学を専門とする中根一氏（鍼灸 Meridian 烏丸・代表）、川嶋総大氏（株式会社はり灸おりべ・代表取締役）は、既存医療システムと連携した鍼灸師、配置薬や日用品の販売員、集落支援員／地域おこし協力隊をミックスした「(仮称) 現代版里山鍼灸師」の確立を目指している[35]。筆者としては、そのような探求や取り組みがいっそう活発になることを切に願う。

撤退と再興の都市農村戦略へ
：残された宿題の糸口

1　残された宿題：大きな枠組みで歳出削減を考える

　最後に、筆者の今後の研究の方向をまとめておきたい。『撤退の農村計画』と比較すると、議論のウエートが軽くなったわけであるが、この先も、歳出削減や行政サービスの削減が必要であることに変わりはない。

　1・3・7 で、筆者は「財政の健全化（歳出削減）については、もっと大きな枠組みで時間をかけて議論すべきである」と述べた。その部分に斬り込むことが「次の撤退と再興」論の最大の目標であり、そこでは、都市と農村を一体的に扱うことになる。つまり、筆者に次回作があるとすれば、そのタイトルは「撤退と再興の都市農村戦略」といったものになるであろう。このように書くと、「結局、財政最優先の切り捨てではないか」というご批判を受けることも考えられる。しかし、そもそも財政を考慮することと切り捨ては同義ではない。持続的な地域を目指すなら、当然、財政もその一要素として大切にすべきと筆者は考えるがどうであろうか。

2　空間スケールを大切にする：選択と集中をタブーにしないために

（1）縮小・簡素化（選択と集中）は不可避
　IT をはじめとする最新の電子技術の力を信じないわけではないが、程度はさておき、この先、財政の問題を主因とした都市農村の「縮小・簡素化（選択と集中）」を避けることは難しいであろう。

（2）「東京一極集中」だけが「選択と集中」ではない
　ここで注意すべきことは、そのときの空間スケールである。「選択と集中」といえば、「東京一極集中」のイメージが強いかもしれないが、それだけではない。

例えば、「1農家スケール」の生き残りを考えてみよう。マンパワーが不足した場合、農家の多くは、山奥の小さな耕地から断念すると思われるが、それも「選択と集中」の一種である。筆者からみれば、「小さな拠点」も「選択と集中」の一種といわざるをえない（提唱側は認めないかもしれないが）。

（3）どのような空間スケールで考えることが妥当なのか

すでにお気づきと思われるが、空間的な縮小（選択と集中）については、空間スケールを明示した上で議論しなければ<u>全く意味がない</u>。「選択と集中」の議論を、暗黙のうちに、全国レベルの「選択と集中」、「東京一極集中を受け入れるかどうか」に固定し、タブーにすることは上策ではない。

「どのような空間スケールで考えることが妥当なのか」について筆者はまだ明快な答えに至っていないが、「空間スケール」は、この先の「撤退と再興」論を考える上での非常に重要なキーワードである。

筆者としては、空間をもう少していねいに区分し、全体的なバランスを考えながらも、個々の地域の考え方を尊重した「選択と集中」の議論を行うことを推奨したい。10の地域があれば、「選択と集中」の形も10種類ということになる。少なくとも、市街地・平地の農村・山間地域では、「選択と集中」の考え方自体が全く異なると考えるべきであろう。「市街地・平地の農村・山間地域」を十把ひとからげにした上に、全体を「<u>市街地型</u>の選択と集中」で再構築するようなことは厳禁である。

3 時間スケールを大切にする：「どれだけ時間をかけるか」に注意

（1）時間に鈍感な日本の地域づくり

受験生の例をもう一度出したい。例えば、同じように「英単語1,000個」を暗記するとしても、「10日間で達成」と「100日で達成」では非常に大きな差がある。前者であれば「100単語／日」、後者は「10単語／日」のスピードである。<u>本気で達成する気があるなら、達成までの期間にこだわるのは当然である</u>。しかし、まちづくり、集落づくりの場合はどうであろうか。壮大な将来像を描くのはよいが、「英単語暗記」の場合のように、慎重に期間を吟味しているといえるか。残念ながら、筆者にはそうは見えない。「単なる会計の都合で1年間」「何となく10年間」といった場合がほとんどではないか。

（2）どれだけ時間をかけてどこまで縮小するか

自分のこととして考えてみる

　都市農村の「縮小」については、「どこまで縮小するか」だけでなく、「いつまでにどこまで縮小するか」「どれだけ時間をかけてどこまで縮小するか」という問いが極めて重要である。例えば、「居住地の面積を半分にする」という壮大な将来像をかかげたとしても、それを「5 年で達成するか」「30 年で達成するか」「100 年で達成するか」では、全く意味が異なる。例えば、今、筆者自身が「将来的に非居住化される場所」に居住していると仮定しよう。しかし、多少の移住サポートがあったとしても、5 年以内に家族全員で引っ越すことは不可能に近い。しかし、「サポート＋20 年の準備期間」ということなら可能かもしれない。つまり、筆者についていえば、「5 年で達成」では拒否、「30 年で達成」なら容認の可能性あり、ということになる。「どれだけ時間をかけるか」がいかに大切か。自分のこととして考えれば、その重さが容易に理解できるはずである。

時間的な最小単位（一区切り）は少なくとも 30 年間

　行政の予算の都合、都市農村整備の時間的な最小単位（一つの区切り）は、1 年から数年区切りとなることが多い。しかし、自分が便利なところに引っ越すにしろ、子ども世帯を自分のところに呼び寄せるにしろ、引っ越しを実現させるには、綿密な計画、資金、個人的なタイミング（例：家の建て替え）、家族をはじめとした関係者の同意が必要であり、数年程度でどうにかなるものではない。

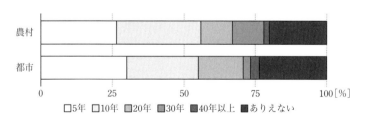

補足：【質問文】この問いでは、この先、現住市区町村の人口が減少し、あなたの世帯に抜本的な対応（例：子ども世帯を呼び寄せる、自分の世帯が移住する）が必要になる場合を想定してください。あなたの世帯では、その準備期間として最低何年必要ですか。（後略）

図 1　「移住」「呼び寄せ」の準備期間（北陸 3 県に居住する 30 歳以上の男女を対象とした Web アンケートより）
（出典：林直樹・関口達也・杉野弘明「都市農村再構築に必要な年数：北陸 3 県を事例として」『2022 年度（第 71 回）農業農村工学会大会講演会講演要旨集』567-568、2022）

居住地の見直しを議論するというなら、時間的な最小単位として30年間は必要であろう。図1は、「子ども世帯を呼び寄せる」「自分の世帯が移住する」といった人口減少への世帯レベルでの抜本的な対応に必要な準備期間を示したものである（北陸3県の居住者を対象としたアンケート）。30年間という時間は、わずかでも可能性を持つ人（図中の「ありえない」以外）にとって、「おおよそ十分な時間」といってよい。ただし、その結果から「30年の準備期間があれば、『世帯レベルでの抜本的な対応』をあてにした強引な都市農村整備であってもフリーパス」などと主張するつもりはない。さらなる議論を進めるには、「ありえない」が少なくないことにも注目し、今後まずは、「ありえない」の内訳（詳しい理由）をクリアにする必要がある。

ゆっくりした縮小であれば大丈夫

　この先の「縮小」の成否は、個々人や個々の集落の都合、財政の都合などを加味した上で、「どれだけ時間をかけてどこまで縮小するか」に答えることができるかにかかっている。個々人や個々の集落がある程度の余裕をもって対応できるような「ゆっくりした縮小」であれば、「居住地半分」という壮大な将来像であっても、大きな混乱なく実現できると筆者は考えている。

(3) キーワードは激変緩和

　「どれだけ時間をかけてどこまで縮小するかが大切」と述べたところであるが、言いかえれば、「縮小のスピード」が大切ということである。これからは、「縮小のスピード」を個々が対応できる範囲に抑えることが肝要である。行政用語風にいえば、「激変緩和」がキーワードということになる。

　自動車に例えてみよう。拡大に向けひたすらアクセルを踏み続ける時代は終わった。この先求められることは、「急ブレーキやスリップで車内の人（自分を含む）にケガをさせないこと」「体や車が対応できる範囲でブレーキを踏むこと」と筆者は考えている。

(4) 安易な思考停止になったときが終わるとき：安心できるときはない

　「どこまで縮小するか」などというと、そこで縮小がストップするように感じるかもしれない。しかし、国全体の人口減少が続くかぎり、全体的にみれば、縮小傾向に歯止めがかかることはない。縮小傾向については、100年程度は続くと考えたほうが無難であろう。例えば、30年スケールの縮小が成功したとし

ても、すぐに次の縮小の具体策を考えることになるであろう。この先100年、「これで大丈夫」と安心できるときはおそらくない。

　個人であれ、集落であれ、自治体であれ、縮小の不安との戦いに敗れ、そこから目をそらし、安易な思考停止になったとき、例えば、「根拠はないが、そのうち、天才的な人がやってきてどうにかしてくれる」「知らぬ間にITがどうにかしてくれる」「財源はないが、国が手厚く保護してくれるはず」となったときが「おしまい」である。

4　自然と共生した日本へ：人口減少はわるいことばかりではない

　国全体の人口が減少することは、別にわるいことばかりではない。国防などを考えると一概にはいえないが、人口減少は、自然と共生した日本を築く好機とみることもできる。

　環境の分野には、エコロジカル・フットプリント（環境への負荷を「必要となる土地の面積」で示した数値）というものがある。エコロジカル・フットプリントの「世界」では、①日本の需要を国内だけで賄おうとしたら、7.1個分の「日本」が必要、②世界中の人が日本人と同じ生活をしたときに必要な地球の個数は2.9個、などといわれている[*1]。①の指摘を応用した場合、「国内」地産地消を極めた場合の日本の適正人口は、現在の7分の1、1,800万人程度（現状1億2,500万人とした場合）と考えることができる。また、「今の日本人の生活を標準としてよいのか」という疑問が残るが、②を応用すれば、世界の人口は今の3分の1が望ましいと考えることができる。そうなると、日本の人口も（まずは）今の3分の1程度、4,200万人程度が望ましいと主張することも可能であろう。将来の選択肢の一つとして、自然と共生した人口4,200万人の日本というものがあってもよいのではないか。

　出生や死亡について厳しめにみれば（出生低位・死亡高位）、西暦2115年の日本の総人口は約3,800万人（37,867千人）と推計されている[*2]。特定の世代や地域が「しわ寄せ」を受けるようなことがあってはならないが、これを機に「自然と共生した日本」を形成することも不可能ではない。

　国全体の人口減少をポジティブにとらえることも、次回作「撤退と再興の都市農村戦略」の重要な柱になると筆者は考えている。

注

1章

* 1 小田切徳美『農山村は消滅しない』岩波書店、2014
* 2 本書は書籍『撤退の農村計画』の発展版であるが、「撤退」の意味についてはやや異なる。本書の「撤退」は、『撤退の農村計画』における「積極的な撤退」の「引くべきは少し引いて確実に守る」という部分に近い。林直樹「(4・1) 積極的な撤退の基礎」『撤退の農村計画―過疎地域からはじまる戦略的再編』(林直樹・齋藤晋編) 78-83、学芸出版社、2010
* 3 『撤退の農村計画』では「戦略」という用語を定義していない。
* 4 福田秀人『ランチェスター思考』東洋経済新報社、2008
* 5 農林水産省『農業地域類型別報告書 (2015 年農林業センサス報告書)』
* 6 高橋強「(1・2) 農村の特質」『改訂農村計画学』(改訂農村計画学編集委員会編) 15-20、農業農村工学会、2003
* 7 令和 3 年度『食料・農業・農村白書』では、「農業集落」を次のように定義している。市町村の区域の一部において、農作業や農業用水の利用を中心に、家と家とが地縁的、血縁的に結び付いた社会生活の基礎的な地域単位のこと。農業水利施設の維持管理、農機具等の利用、農産物の共同出荷等の農業生産面ばかりでなく、集落共同施設の利用、冠婚葬祭、その他生活面に及ぶ密接な結び付きの下、様々な慣習が形成されており、自治及び行政の単位としても機能している。農林水産省『令和 3 年度食料・農業・農村白書 (令和 4 年 5 月 27 日公表)』2022
* 8 ここから面積に関するデータを紹介するので、面積の単位について少しだけ説明しておく。農業や地域づくりでは、面積の単位として「ha (ヘクタール)」「a (アール)」がよく使用されている。1ha は「100m × 100m」(10,000m²)、1a は「10m × 10m」(100m²) である。現地では「町 (ちょう)」「町歩 (ちょうぶ)」「反 (たん)」「畝 (せ)」といった古い単位を耳にすることもある。「面積の単位としての町」と「町歩」は同じものであり、「1 町 (町歩) ≒ 9,917m²」「1 反 ≒ 992m²」「1 畝 ≒ 99m²」である。おおまかでよいということなら、「1 町 (町歩) ≒ 1ha」「1 反 ≒ 10a」「1 畝 ≒ 1a」となる。
* 9 林野庁『森林・林業統計要覧 2020』。天然林と人工林の面積は、いずれも森林法第 2 条第 1 項に規定する森林の 2017 年の数値。「スギの人工林」と「ヒノキの人工林」の面積は、いずれも育成単層林と育成複層林の和 (筆者計算) であり、森林法第 5 条及び第 7 条の 2 に基づく森林計画対象森林の「立木地」の面積 (2017 年 3 月 31 日現在)。
* 10 日本創成会議・人口減少問題検討分科会『(資料 1) 人口再生産力に注目した市区町村別将来推計人口について』2014 (「ストップ少子化・地方元気戦略」記者会見資料)。「人口移動が収束しない推計」の場合。
* 11 大野晃「山村の高齢化と限界集落―高知山村の実態を中心に」『経済』327 号 (1991 年 7 月号) 55-71、1991
* 12 筆者がいう「質的な変化」の意味について少しだけ説明しておきたい。大学 (卒業) 生なら、大学の「点数と単位」を例にすれば分かりやすいであろう。例えば、金沢大学の場合、61 点が 60 点になっても特に何かが生じるわけではない。いずれも「単位取得」の評価である。一方、60 点が 59 点になることは「単位を落とす」という意味で深刻な変化である。筆者がいう「質的な変化」は、そのようなものを指している。
* 13 ここでの「守り」の活動は、「伝統的な祭り・文化・芸能の保存」「各種イベントの開催」「高齢者などへの福祉活動」「環境美化・自然環境の保全」を指す。福田竜一「第 9 章　農業集落の動向と諸活動の分析―農業集落活動の強靭性・脆弱性・臨界点」『日本農業・農村構造の展開過程― 2015 年農業センサスの総合分析』(農林水産省農林水産政策研究所編) 205-228、農林水産省農林水産政策研究所 (発行)、2018
* 14 藤沢和「集落の消滅過程と集落存続の必要戸数―農村集落に関する基礎的研究 (Ⅰ)」『農業土木学会論文集』98 号、42-48、1982
* 15 図 1・3 ～図 1・5 の撮影では、井筒耕平氏、右手信幸氏、岡山県美作市の関係者のみなさまからご協力をいただいた。この場を借りて感謝の意を表したい。

＊16　国土交通省国土計画局総合計画課『人口減少・高齢化の進んだ集落等を対象とした「日常生活に関するアンケート調査」の集計結果（中間報告）』2008

＊17　一例であるが、筆者の地元の新聞も、雪かきについて、「地域での助け合いが希薄になりつつある厳しい雪国の現実に、高齢世帯からは不安とあきらめの声が聞かれた」と述べている。北陸中日新聞2022年12月26日（月）23面、高齢者「雪かききつい」（柴田一樹・大野沙羅）

＊18　沼田眞・岩瀬徹『図説　日本の植生』講談社、2002

＊19　農林水産省農村振興局農村政策部地域振興課『中山間地域等直接支払制度（パンフレット）第5期対策』

＊20　本書執筆中、同氏は、みやこ町の町長に就任した（2022年4月23日就任）。

＊21　大平裕「（6・4・5）カーボン・オフセットによる収入―地球温暖化と京都議定書」「（6・4・6）カーボン・オフセットと森林経営」「（6・4・7）過疎集落におけるオフセットの活用」『撤退の農村計画―過疎地域からはじまる戦略的再編』（林直樹・齋藤晋編）151-154、学芸出版社、2010

＊22　総務省統計局『令和2年国勢調査　調査結果の利用案内―ユーザーズガイド』2021。1955年以降、人口のカウント方法は変わっていない。

＊23　後述の資料2ページに「2か所に住居をもっている人→ふだん寝泊まりする日数の多い住居（が調査する場所）」と記されている。総務省統計局・都道府県・市区町村『調査票の記入のしかた（令和2年国勢調査の概要）』。2015年国勢調査、1995年国勢調査も同様。

＊24　総務省地域力創造グループ過疎対策室『過疎地域等における集落の状況に関する現況把握調査報告書（令和2年3月）』

＊25　浅原昭生『日本廃村百選―ムラはどうなったのか』秋田文化出版、2020

＊26　本間智希・山口純・松崎篤洋・北雄介「大見村の地域資源―京都市北部における無住化集落再生活動（その1）」『日本建築学会大会学術講演梗概集（関東）』5-6、2015

＊27　日本学術会議『地球環境・人間生活にかかわる農業及び森林の多面的な機能の評価について（答申）：農業の多面的機能』2001

＊28　農林水産省『平成27年度食料・農業・農村白書（平成28年5月17日公表）』2016

＊29　農林水産省『令和3年度食料・農業・農村白書（令和4年5月27日公表）』2022

＊30　国立社会保障・人口問題研究所『日本の将来推計人口―平成28（2016）～77（2065）年―附：参考推計　平成78（2066）～127（2115）年（平成29年推計）』2017

＊31　額賀信『「過疎列島」の孤独―人口が減っても地域は甦るか』時事通信社、2001

＊32　全国林業改良普及協会（編）『豊かな林業経営　実践技術ガイド』全国林業改良普及協会、2006

＊33　Millennium Ecosystem Assessment（編）・横浜国立大学21世紀COE翻訳委員会（監訳）『国連ミレニアムエコシステム評価　生態系サービスと人類の未来』オーム社、2007

＊34　清和研二『多種共存の森―1000年続く森と林業の恵み』築地書館、2013

＊35　太田猛彦『森林飽和―国土の変貌を考える』NHK出版、2012

＊36　北原曜「植生の表面侵食防止機能」『砂防学会誌』54巻5号、92-101、2002。「地表付近の草木」と記したが、原典では「林床」となっている。

＊37　福澤加里部「（6・4・1）人工林の現状と森林の機能」「（6・4・2）手入れ（間伐）が行き届かないと」「（6・4・3）土砂流出のメカニズムとその防止策」「（6・4・4）森林の健全化に向けて」『撤退の農村計画―過疎地域からはじまる戦略的再編』（林直樹・齋藤晋編）147-151、学芸出版社、2010

＊38　赤井龍男『低コストな合自然的林業』（編集・発行）全国林業改良普及協会、1998

＊39　（環境省）『生物多様性国家戦略2012-2020～豊かな自然共生社会の実現に向けたロードマップ（平成24年9月28日）』2012

＊40　東淳樹「（2・3）地域固有の二次的自然の消滅」『撤退の農村計画―過疎地域からはじまる戦略的再編』（林直樹・齋藤晋編）45-52、学芸出版社、2010

＊41　一ノ瀬友博「（6・3）選択と集中で中山間地域の二次的自然を保全する」『撤退の農村計画―過疎地域からはじまる戦略的再編』（林直樹・齋藤晋編）141-147、学芸出版社、2010

＊42　一ノ瀬友博『農村イノベーション―発展に向けた撤退の農村計画というアプローチ』イマジン出版、2010

＊43 三菱総合研究所『地球環境・人間生活にかかわる農業及び森林の多面的な機能の評価に関する調査研究報告書』2001（「日本学術会議『地球環境・人間生活にかかわる農業及び森林の多面的な機能の評価について（答申）』2001」の資料）

＊44 林直樹『電力中央研究所報告・土地利用の変化が農林業の多面的機能に与える影響（研究報告：Y11020）』（編集・発行）電力中央研究所、2012

＊45 内閣府『令和4年防災白書』

＊46 川島博之『「食料自給率」の罠─輸出が日本の農業を強くする』朝日新聞出版、2010

＊47 （供給熱量ベースの総合食料）自給率＝（食料の国産供給熱量／食料の国内総供給熱量）× 100。畜産物については、1965年度から飼料自給率を考慮して算出している。農林水産省『令和3年度食料需給表』

＊48 農林水産省『令和3年度食料・農業・農村白書（令和4年5月27日公表）』2022

＊49 岡裕泰・久保山裕史「（第2章）森林資源の動向と将来予測」『改訂 森林・林業・木材産業の将来予測─データ・理論・シミュレーション』（森林総合研究所編）41-72、日本林業調査会、2012。仮定は次のとおり。1人あたり消費量は2010年水準で一定。人口減少加味（→需要：2000万～3000万 ㎥／年）。生産的人工林の生産力は6㎥／年／ha。

＊50 林直樹「属地的な行政サービスに伴う北陸3県の市町村歳出の試算」『創立90周年記念2019年度（第68回）農業農村工学会大会講演会講演要旨集』264-265、2019。（訂正）2ページ6行目：×235.2千円→〇235.3千円。なお、農業農村工学会大会講演会（全国大会）の発表要旨の多くは、全文がダウンロード可能となっている。「農業農村工学会」のホームページ→下のほうにある「検索サービス」→「農業農村工学会全国大会講演要旨」へ（2023年11月18日確認）。

2章

＊1 国土交通省「豪雪地帯道府県別市町村数」（同省ホームページ内「豪雪地帯対策の推進」2023年11月18日参照）

＊2 国土政策研究支援事業（平成27年度）「将来的な再居住化の可能性を残した無居住化に関する基礎的研究：農村再生に向けて」（代表者名：林直樹）

＊3 秋田県での「消えた村／廃村」調査については、全国の「廃村」を探索している浅原昭生氏の貢献が非常に大きかった。また、秋田県の「消えた村」を調査した佐藤晃之輔氏、北海道を中心に炭鉱跡や過疎地などを探索している成瀬健太氏のご協力もあった。この場を借りて感謝の意を表したい。

＊4 浅原昭生・林直樹『秋田・廃村の記録─人口減時代を迎えて（第2版）』発行者：秋田ふるさと育英会、編集・発売：秋田文化出版、2019（初版は2016）

＊5 確認方法は次のとおり。当該大字ポリゴンに、人口（2015年）1人以上の「メッシュ（格子状の地割り）上の地域」（250m四方で1地域）が一つも重なっていなければ「2015年無住集落」とする。人口については、総務省統計局統計調査部国勢統計課、2015年・国勢調査・5次メッシュのデータを使用。大字のポリゴンは、ゼンリンの行政区分地図データ2020のものを使用。

＊6 確認方法は次のとおり。当該大字ポリゴンに、人口（1995年）1人以上の「メッシュ（格子状の地割り）上の地域」（500m四方で1地域）が一つも重なっていなければ「1995年無住集落」、一つでも重なっていれば「1995年現住集落」とする。人口については、総務省統計局統計調査部国勢統計課、1995年・国勢調査・4次メッシュのデータを使用。大字のポリゴンは、ゼンリンの行政区分地図データ2020のものを使用。

＊7 本書に関連する2017年度から2022年度の現地調査（訪問）の大半は、JSPS科研費JP17K07998（「将来的な復旧の可能性を残した無居住化集落」の形成手法：新しい選択的過疎対策）を受けて実施されたものである。石川県における無住集落の調査では、浅原昭生氏、金沢大学の学生（なかでも、市村優門氏・國吉成美氏・渡邉陽氏・亀山智実氏）から多大なるご協力をいただいた。この場を借りて感謝の意を表したい。

＊8 確認方法は次のとおり。当該の「2015年国勢無住集落」ポリゴンについて、人口（2020年）1人以上の「メッシュ（格子状の地割り）上の地域」（250m四方で1地域）が一つ以上重なっていれば「現住化」判定。人口については、総務省統計局統計調査部国勢統計課、2020年・国勢

調査・5次メッシュのデータを使用。大字のポリゴンは、ゼンリンの行政区分地図データ 2020 のものを使用。

＊9　一例をあげておく。渡邉敬逸「地理空間データを用いた無住化集落の特定方法の検討」『地域創成研究年報』第 13 号、56-64、2018

＊10　出発日時は 2023 年 7 月 3 日（月）6 時 00 分に固定した。複数のルートが提示された場合は一番上に表示されたルートを選択した。2023 年 3 月 28 日（火）に測定。

＊11　「国土数値情報ダウンロードサイト」（国土交通省）よりデータ入手可能。

＊12　①原則として人口密度が 1 平方キロメートル当たり 4,000 人以上の基本単位区等（国勢調査で設定された区域：筆者加筆）が市区町村の境域内で互いに隣接して、②それらの隣接した地域の人口が国勢調査時に 5,000 人以上を有するこの地域を「人口集中地区」という。総務省統計局『平成 27 年国勢調査　調査結果の利用案内―ユーザーズガイド』2016

＊13　「角川日本地名大辞典」編纂委員会（竹内理三）編『角川日本地名大辞典（17 石川県）』角川書店、1981

＊14　北國新聞 2019 年 9 月 8 日（日）31 面、石川に無住集落 36 カ所。

＊15　北陸中日新聞 2020 年 9 月 18 日（金）10 面、（小坂亮太）国見八幡神社社叢 市の指定文化財に。

＊16　佐藤晃之輔『秋田・消えた村の記録』無明舎出版、1997

＊17　「冬期閉鎖」については、花立町の元住民への聞き取りで確認。

＊18　国道 416 号。鹿取茂雄・藤原一毅・若林繁・平沼義之・坂下雅司『酷道大百科』（ブルーガイド・グラフィック）実業之日本社、2018

＊19　『新丸村の歴史』には花立町の名前の由来が次のように解説されている。花立は部落の東南 3 キロの山道にある花立峠からとったものであった。花立峠は昔から白山に登る人達の通り路に当っていたが、（中略）山頂の登攀（高い山に登ること：筆者加筆）を断念して、花を立ててはるかに白山を礼拝したことから、この名が出来たとされている。川良雄『新丸村の歴史』新丸地区々長会事務所（久保誠喜）、1966

＊20　地元の新聞が当日の様子を紹介している。北國新聞 2021 年 7 月 19 日（月）21 面，無住集落の暮らし探る。

＊21　2018 年 10 月に筆者が行った花立町の町内会長へのインタビューより。花立町の住民共同活動の主体（愛郷会）については、70 歳が一番若いという状況にあるという。

＊22　岩本憲二『白山の出作り（白山の自然誌 7）』石川県白山自然保護センター（発行・編集）1986

＊23　堀氏らは、「二地域居住」（筆者和訳：living in two places）が里山資本（satoyama capital stocks）の消滅を防ぐことができるとも述べている。Yuko Hori, Naoki Hayashi, and Hiroyuki Matsuda 'The Long-Term Trends of Satoyama Capital Stocks and Ecosystem Services; Case Study in Mt. Hakusan Biosphere Reserve and its Vicinity', Global Environmental Research, 16(2), 189-196, 2012

＊24　川島博之『「食料自給率」の罠―輸出が日本の農業を強くする』朝日新聞出版、2010

＊25　「土木的な可能性」の最低ラインの一つ、「現地への接近が容易」が厳しいことから。

＊26　経済産業省資源エネルギー庁「2040 年、太陽光パネルのゴミが大量に出てくる？再エネの廃棄物問題（2018 年 7 月 24 日）」同庁ホームページ内「スペシャルコンテンツ：2023 年 11 月 18 日」参照

＊27　これまでの手法としては、ゾーニング（厳密には小区域ごとに規制をかけること）、開発許可制度（個別に審査）、土地税制、公共施設整備と土地基盤整備、土地の買い取り、協定などをあげることができる。石田憲治「（3・2）土地利用計画の構成」『改訂農村計画学』（改訂農村計画学編集委員会編）59-76、農業農村工学会、2003

＊28　前川英成「（4・3）歴史に学ぶ集落移転の評価と課題」『撤退の農村計画―過疎地域からはじまる戦略的再編』（林直樹・齋藤晋編）89-95、学芸出版社、2010

＊29　フィールドモニタリング技術については次の文献を参照。溝口勝・伊藤哲「農業・農村を変えるフィールドモニタリング技術」『農業農村工学会誌』第 83 巻第 2 号、93-96、2015

＊30　蔵治光一郎『森の「恵み」は幻想か―科学者が考える森と人の関係』化学同人、2012

＊31　都道府県別のヒノキ人工林面積については、次の資料を参照してほしい。林野庁『森林資源の現況（平成 29 年 3 月 31 日現在）』

＊32 表2・4および表2・5を含め、ここで「無住集落」に「かぎかっこ」が付いているのは、本書の2015年国調無住集落とわずかに異なるため（ポリゴン作成方法の違い、ダム水没判定の違い）。ただし、全体の傾向を把握する上では全く問題ない。

＊33 林直樹・関口達也・浅原昭生「秋田県の無居住化集落における生産基盤」『H28農業農村工学会大会講演講演要旨集』75-76、2016

＊34 2・2・5の執筆では、『撤退の農村計画』第6章第1節の筆者である村上徹也氏からご協力をいただいた。この場を借りて感謝の意を表したい。

＊35 国土交通省『所有者不明土地ガイドブック―迷子の土地を出さないために！（令和4（2022）年3月）』国土交通省 不動産・建設経済局 土地政策審議官部門 土地政策課、2022

＊36 法務省民事局「令和3年民法・不動産登記法改正、相続土地国庫帰属法のポイント（令和4年10月版）」

＊37 村上徹也「（6・1）土地などの所有権・利用権を整理」『撤退の農村計画―過疎地域からはじまる戦略的再編』（林直樹・齋藤晋編）128-133、学芸出版社、2010

＊38 北國新聞2022年2月13日（日）2面「（金沢の土砂崩れ復旧）「事務管理」適用を検討」。

＊39 2023年4月1日施行の民法改正。特定の土地・建物のみに特化して管理を行う所有者不明土地管理制度、所有者不明建物管理制度が創設された（新民法264の2〜264の8）。なお、同種の制度は、従来から存在するが、所有者の財産「全般」が対象であり、特定の土地・建物を切り離して扱うことはできなかった。法務省民事局「令和3年民法・不動産登記法改正、相続土地国庫帰属法のポイント（令和4年10月版）」

＊40 2018年のインタビュー（2・3・3および2・3・4）の設定や記録について、小山元孝氏（現・福知山公立大学教授）から多大なる協力をいただいた。この場を借りて深謝の意を表したい。

＊41 ここでの「無居住化集落」の意味および補足は次のとおり。①「無住集落」とほぼ同義と考えてよい。②1・2・4で説明した「（総務省の報告書における）無居住化集落」と完全に一致するとはかぎらない。

＊42 小山元孝「（第2章）調査の概要」『消えない村―京丹後の離村集落とその後』（小山元孝編・出版者：林直樹）9-56、2015

＊43 「角川日本地名大辞典」編纂委員会（竹内理三）編『角川日本地名大辞典（26 京都府上巻）』角川書店、1982

＊44 集落代表点のポイントを含む「メッシュ（格子状の地割り）上の地域」（250m四方で1地域）を中心とした25（5×5）の「メッシュ上の地域」の人口の合計をみた。人口については、総務省統計局統計調査部国勢統計課、国勢調査・5次メッシュ（2015年および2020年）のデータを使用。

＊45 この場を借りて、沖佐々木義久氏、沖佐々木敏隆氏、真柴隆義氏、調査協力者各位に深謝の意を表したい。

＊46 田中佑典「より良い最期を見据え、より良い明日をつくるために―ムラツムギの活動について」『農業と経済』2020年4月号（86巻4号）、79-84、2020

＊47 岸田一氏および調査協力者各位には、この場を借りて深謝の意を表したい。

＊48 筆者は、以前、「生活生業技術」を「民俗知」と呼んでいたが、民俗知では少し意味がずれる可能性があるため、シンプルに「生活生業技術」と称することとした。

＊49 焼き畑には「山菜を育てる」「狩場・カヤ場をつくる」「漁場をつくる」といった農業以外の効果もある。永松敦「（2・2）地域固有の文化の消滅―山村における生業を中心に」『撤退の農村計画―過疎地域からはじまる戦略的再編』（林直樹・齋藤晋編）36-44、学芸出版社、2010

＊50 原典には次のように記されている。「里山資本主義」とは、お金の循環がすべてを決するという前提で構築された「マネー資本主義」の経済システムの横に、こっそりと、お金に依存しないサブシステムを再構築しておこうという考え方だ。藻谷浩介・NHK広島取材班『里山資本主義―日本経済は「安心の原理」で動く』KADOKAWA、2013

＊51 濱嵜文音・林直樹「無住集落を対象とした「民俗知版レッドデータブック」に関する予備的検討」『2022年度（第71回）農業農村工学会大会講演講演要旨集』575-576、2022。（訂正）2ページ3（2）の見出し…×第2の危機…→○第2の危惧…。

＊52 筆者は、大見新村プロジェクト（代表：藤井康裕氏）のご協力をいただき、大原大見町を調査したことがある。なお、本書執筆段階での確認では、同プロジェクトの本間智希氏からご協力をいただいた。この場を借りて、藤井氏、本間氏、大藤寛子氏、関係者各位に深謝の意を表したい。

＊53 原典には次のように記されている。（前略）1965年から突然に著しい減少期を迎え（中略）'73年に2戸となり、その2戸も1戸は夏だけ山林の管理に老人1人が帰ってくるだけで、他の1戸も老人だけの高令世帯で、1973年の冬には一時離村しているから、ほぼこの時点でここも全面廃村化したとみなされる。坂口慶治「京都市近郊山地における廃村化の機構と要因」『人文地理』27-6、1-32、1975

＊54 松崎篤洋・山口純・本間智希・川勝真一・北雄介「大見村における無住化集落再生活動の発足と展開―京都市北部における無住化集落再生活動（その2）」『日本建築学会大会学術講演梗概集（関東）』7-8、2015

＊55 本間智希・山口純・松崎篤洋・北雄介「大見村の地域資源―京都市北部における無住化集落再生活動（その1）」『日本建築学会大会学術講演梗概集（関東）』5-6、2015。なお、ここでの「集団離村」は、事業として全戸がいっせいに転出するようなものではなく、急激な廃村化を指していると思われる。

＊56 佐々木哲平・小山元孝・林直樹・関口達也「中山間地域における集落無居住化を見据えた住民ワークショップ―「集落存続の根本的な要素」と無居住化に対する意識の変化」『H28農業農村工学会大会講演会講演要旨集』81-82、2016

＊57 林直樹・関口達也・小山元孝・松田晋・佐々木哲平・浅原昭生『将来的な再居住化の可能性を残した無居住化に関する基礎的研究―農村再生に向けて（平成27年度国土政策関係研究支援事業研究成果報告書）』2016。国土交通省ホームページ内「国土政策研究支援事業（平成27年度研究成果）」より全文ダウンロード可能（2023年11月18日確認）。

3章

＊1 筆者は、これまで講演会などで、「定住旧住民」「外部旧住民」「定住新住民」ということばを定義して使用していたが、「新／旧」は本質ではないので、本書では、「高関与住民（≒定住旧住民）」「高関与外部住民（≒外部旧住民）」「低関与住民（≒定住新住民）」とした。

＊2 大久保実香・田中求・井上真「祭りを通してみた他出者と出身村とのかかわりの変容―山梨県早川町茂倉集落の場合」『村落社会研究』第17巻第2号、6-17、2011

＊3 徳野貞雄「農山村振興における都市農村交流、グリーン・ツーリズムの限界と可能性―政策と実態の狭間で」『グリーン・ツーリズムの新展開―農村再生戦略としての都市・農村交流の課題（年報 村落社会研究 第43集）』（日本村落研究学会編）43-93、農山漁村文化協会、2008

＊4 総務省「関係人口とは」（同省ホームページ内「地域への新しい入り口 関係人口ポータルサイト」：2023年11月18日参照）

＊5 甲斐友朗・柴田祐・澤木昌典「兵庫県但馬地域の消滅集落における元住民による「通い」の実態に関する研究」『日本建築学会計画系論文集』第79巻（第695号）123-129、2014。なお、この文献では、「通い」について、「当該集落外に居住する者が、定期的または非定期的に当該集落を訪問し、農地や山林、家屋などの管理や、山菜などの採集、祭祀などの実施等を通して、集落環境の維持管理や活用に資する行為を行うこと」と定義している。

＊6 横江麻実「（第3章）近居の親子関係と暮らしから見た住宅計画」『近居―少子高齢社会の住まい・地域再生にどう活かすか』（大月敏雄・住総研編）54-63、学芸出版社、2014

＊7 徳野貞雄「（第Ⅰ部）現代の家族と集落をどうとらえるか」『T型集落点検とライフヒストリーでみえる家族・集落・女性の底力―限界集落論を超えて』（徳野貞雄・柏尾珠紀）13-224、農山漁村文化協会、2014

＊8 山本尚史『地方経済を救うエコノミックガーデニング：地域主体のビジネス環境整備手法』新建新聞社（アース工房発売）2010

＊9 ただし、小児科に限定した場合は別問題。江原朗「（5・2）救急医療から考える移転先」『撤退の農村計画―過疎地域からはじまる戦略的再編』(林直樹・齋藤晋編)109-113、学芸出版社、2010

＊10 林直樹「農村地域の住民共同活動に対する集落外住民の貢献」『2020年度（第69回）農業農村

工学会大会講演会講演要旨集』193-194、2020

＊11　石見尚「混住社会」『農村工学研究 別冊 農村整備用語辞典（改訂版）』（農村開発企画委員会・農業工学研究所集落整備計画研究室編）133、農村開発企画委員会（発売：農林統計協会）、2001

＊12　牧山正男・渡辺真季・山下良平・服部俊宏・鈴木翔「被災地の復興に向けた拡大コミュニティの可能性―シンポジウム「中山間地域フォーラム in もりおか」の記録」『農村計画学会誌』31 巻 4 号、602-605、2013

＊13　浅原昭生「長野県伊那市（旧高遠町）芝平」『廃村と過疎の風景（6）―集落の記憶』（浅原昭生編）58-60、HEYANEKO、2012

＊14　西俣町の調査については、町内の集落づくりに熱心な北光弘氏、関係者各位から多大なる協力をいただいた。この場を借りて感謝の意を表したい。

＊15　「角川日本地名大辞典」編纂委員会（竹内理三）編『角川日本地名大辞典（17 石川県）』角川書店、1981

＊16　北國新聞 2021 年 6 月 13 日（日）22 面「住民ゼロ集落に移住」。筆者補足：この場合の「住民ゼロ集落」は小松市西俣町滝上（西俣町のなかの小集落）を指している。

＊17　地元の新聞が当日の様子を紹介している。北陸中日新聞 2019 年 8 月 15 日（木）16 面「イワナのつかみ取り　大声コンテスト盛況」（長屋文太）。

＊18　北光弘氏からは何度も話をうかがっているが、主なインタビューは、2018 年 10 月 24 日、2020 年 2 月 1 日および 15 日の 3 回。

＊19　関連する研究を 2 点紹介しておきたい。①引地氏らは、1,062 名からの回答（社会調査）を分析し、「社会的環境に対する評価（住民との交流、イベントなど：筆者補足）は地域に対する愛着（定住意向、所属意識、土地の重要さなど：筆者補足）の最も強い規定因であることが示唆された」と述べている。引地庸之・青木俊明・大渕憲一「地域に対する愛着の形成機構―物理的環境と社会的環境の影響」『土木学会論文集 D』65（2），101-110，2009。②鈴木氏らは、193 名からの回答（社会調査）から、「（前略）地域愛着が高い人ほど、町内会活動やまちづくり活動などの地域への活動に熱心である傾向が示された」と述べている。鈴木春菜・藤井聡「地域愛着が地域への協力行動に及ぼす影響に関する研究」『土木計画学研究・論文集』25（2）、357-362、2008

＊20　松下一郎・鈴木康央『夢で終わらせない農業起業―1000 万円稼ぐ人、失敗して借金作る人』徳間書店、2009

＊21　西村俊昭「（3・1）若い世帯の農村移住は簡単ではない」『撤退の農村計画―過疎地域からはじまる戦略的再編』（林直樹・齋藤晋編）60-65、学芸出版社、2010

＊22　作野広和「中山間地域における地域問題と集落の対応」『経済地理学年報』第 52 巻、264-282、2006

＊23　作野広和「集落の無居住化と「むらおさめ」―どうしても守れない集落をどのように捉えるか」『ガバナンス』（ぎょうせい編）220、17-19、2019

＊24　柴田祐・甲斐友朗「（4・1）「通い」で無住化集落の環境を保つ―兵庫県但馬地域」『住み継がれる集落をつくる―交流・移住・通いで生き抜く地域』（山崎義人・佐久間康富編）92-103、学芸出版社、2017

＊25　(初期の説明) 小学校区など、複数の集落が集まる地域において、商店、診療所などの生活サービスを徒歩で歩いて行ける範囲でつなぎ、各集落とコミュニティバスなどで結ぶことで、人々が集い、交流する機会が広がっていく。新しい集落地域の再生を目指す取組み、それが「小さな拠点」です。国土交通省国土政策局・集落地域における「小さな拠点」形成推進に関する検討会『集落地域の大きな安心と希望をつなぐ「小さな拠点」づくりガイドブック―つながり、つづける地域づくりで集落再生（本編）』2013。(その後の説明)「小さな拠点」とは、小学校区など複数の集落が集まる基礎的な生活圏の中で、分散している様々な生活サービスや地域活動の場などを「合わせ技」でつなぎ、人やモノ、サービスの循環を図ることで、生活を支える新しい地域運営の仕組みをつくろうとする取組です。(改段) この「小さな拠点」と周辺集落とをコミュニティバスなどの移動手段で結ぶことによって、生活の足に困る高齢者なども安心して暮らし続けられる生活圏＝「ふるさと集落生活圏」が形成されます（後略）。国土交通省国土政策局・集落地域における「小さな拠点」形成推進に関する検討会『【実践編】「小さな拠点」づくりガイ

ドブック』2015

＊26　藤本徹『シリアスゲーム―教育・社会に役立つデジタルゲーム』東京電機大学出版局、2007

4章

＊1　例えば、次の文献を参照。有田博之・大黒俊哉「木本が侵入した耕作放棄田の復田コスト―新潟県上越市大島地区を事例として」『農業土木学会論文集』249、17-24、2007。この文献の Fig. 6 によると、乾性圃場の復田コストの理論値は、40 〜 50 万円／ 10a で頭打ちになることが分かる。

＊2　千田雅之氏からは直接のご助言もいただいた。この場を借りて感謝の意を表したい。

＊3　千田雅之『里地放牧を基軸にした中山間地域の肉用牛繁殖経営の改善と農地資源管理』農林統計協会、2005

＊4　有田博之・山本真由美・大黒俊哉・友正達美「耕作放棄田の復田を前提とした農地資源保全戦略―新潟県上越市大島地区における復田費用調査に基づく提案』『農業農村工学会論文集』254、23-29、2008

＊5　例えば次の文献を参照。川崎哲郎・杉山英治・河内博文・佐藤晃一「地被植物植栽地における光環境と雑草の発生」『農業土木学会誌』第 65 巻第 2 号、165-170、1997

＊6　千田雅之「肉牛繁殖経営の将来展望―和牛振興と国土資源の活用に寄与する日本型放牧のあり方」『農林金融』第 73 巻第 9 号（895 号）20-31、2020

＊7　大西郁「（6・2）田畑管理の粗放化」『撤退の農村計画―過疎地域からはじまる戦略的再編』（林直樹・齋藤晋編）134-140、学芸出版社、2010

＊8　図4・3および図4・4の現地訪問では、鯖江市の獣害対策を考える中田都氏、河和田東部美しい山里の会の方々から多大なるご協力をいただいた。この場を借りて感謝の意を表したい。

＊9　江成広斗「（6・5）森林の野生動物の管理を変える」『撤退の農村計画―過疎地域からはじまる戦略的再編』（林直樹・齋藤晋編）154-161、学芸出版社、2010

＊10　赤井龍男『低コストな合自然的林業』全国林業改良普及協会、1998

＊11　見学では、一般社団法人（当時は NPO 法人）森林風致計画研究所代表理事の伊藤精晤氏、同副理事長の清水裕子氏のご協力を得た。伊藤氏・清水氏からは直接のご教示もいただいた。この場を借りて感謝の意を表したい。

＊12　伊藤精晤・馬場多久男「人工林の風致間伐のための残存木と伐採木の選定に関する考察」『造園雑誌』52（5）、199-204、1989。引用の「（高齢の）」は、伊藤氏・清水氏の助言により、筆者が加筆したもの。

＊13　次の資料が参考になる。「遊休農地に木を植える　Q&A」『季刊地域』41 号（現代農業 2020 年 5 月増刊）20-25、農山漁村文化協会、2020

＊14　小谷二郎「クヌギ・ケヤキ・ウルシ 有用 3 種を植える適地は？（クヌギ・ケヤキ・ウルシを植える適地）」『季刊地域』41 号（現代農業 2020 年 5 月増刊）52-53、農山漁村文化協会、2020

＊15　山崎亮「（4・2）仮設住宅の入居方法に学ぶ集落移転」『撤退の農村計画―過疎地域からはじまる戦略的再編』（林直樹・齋藤晋編）83-89、学芸出版社、2010

＊16　齋藤晋「（4・4）平成の集落移転から学ぶ」『撤退の農村計画―過疎地域からはじまる戦略的再編』（林直樹・齋藤晋編）96-102、学芸出版社、2010

＊17　『HEYANEKO の棲み家（へき地ブログ）』http://heyaneko.jugem.jp/（2020 年 5 月 20 日参照）

＊18　浅原昭生・林直樹『秋田・廃村の記録―人口減時代を迎えて（第 2 版）』発行者：秋田ふるさと育英会、編集・発売：秋田文化出版、2019（初版は 2016）

＊19　佐藤晃之輔『秋田・消えた村の記録』無明舎出版、1997

＊20　清泉亮『誰も教えてくれない田舎暮らしの教科書』東洋経済新報社、2018

＊21　米原市伊吹山文化資料館の髙橋順之氏のご協力をいただいた。その際、髙橋氏ご自身からも多くの情報をいただいた。この場を借りて、髙橋氏、関係者各位に深謝の意を表したい。

＊22　総務省自治行政局過疎対策室『過疎地域等における集落再編成の新たなあり方に関する調査報告書（平成 13 年 3 月）』2001

＊23　単一回答（「○は一つ」のタイプ）の場合、選択肢は互いに排他的であること（同時に成立しないこと）が求められる。ダメな例を一つあげるとすれば、「1：住み続けたい、2：住み続けるこ

とができない、3：他所へ移転したい」である。少なくとも、1と2は排他的な概念ではない（1と2は同時に成立できる）。

＊24　前川英城「(4・3) 歴史に学ぶ集落移転の評価と課題」『撤退の農村計画─過疎地域からはじまる戦略的再編』(林直樹・齋藤晋編) 89-95、学芸出版社、2010

＊25　浅原昭生・林直樹「秋田県・無居住化集落（廃村）における離村関連記念碑」『H28 農業農村工学会大会講演会講演要旨集』77-78、2016。「記念碑は条件の厳しい集落に多い」は原典では次のように記されている。離村記念碑は、①耕作発見できず、②電線発見できず、③ダート区間あり、④家屋発見できず、という集落、つまり、生活基盤が乏しい集落に多い、という傾向が見られた。

＊26　「角川日本地名大辞典」編纂委員会（竹内理三）編『角川日本地名大辞典（26 京都府上巻）』角川書店、1982

＊27　中川幹太「自給に根ざした自治機能まで果たし始めた山村 NPO」『若者はなぜ、農山村に向かうのか：戦後 60 年の再出発（現代農業増刊 69 号）』農山漁村文化協会、146-163、2005

＊28　林直樹「「種火集落」とは」「どうやって「種火」を残すのか」『撤退の農村計画─過疎地域からはじまる戦略的再編』(林直樹・齋藤晋編) 120-121、学芸出版社、2010

＊29　Web サイト「GCL ／ GDWS WORKSHOPPERS」2023 年 11 月 18 日確認

＊30　国土交通省「国土管理専門委員会 2019 年とりまとめ：将来的に放置されていくことが予想される土地の管理のあり方（概要・本文・別紙 1・別紙 2）」(同省ホームページ内「審議会・委員会等」：2023 年 11 月 18 日確認)

＊31　住友財団の環境研究助成「少子高齢化に対応した里山里海の流域環境の提言と実践」（代表：長尾誠也）

＊32　前田滋哉「(7・2) 流域とは何か」『撤退の農村計画─過疎地域からはじまる戦略的再編』(林直樹・齋藤晋編) 173-179、学芸出版社、2010

＊33　野村桃子・林直樹・長尾誠也「熊木川流域の管理に関する環境教育ゲームの開発と評価」『2020 年度（第 69 回）農業農村工学会大会講演会講演要旨集』183-184、2020

＊34　閉鎖性海域に関するボードゲーム。北國新聞 2022 年 1 月 11 日（火）22 面、北陸中日新聞 2022 年 1 月 25 日（火）12 面などで紹介。

＊35　中根一・川嶋総大・林直樹「「現代版里山鍼灸師」の確立に関する予備的検討」『2022 年度（第 71 回）農業農村工学会大会講演会講演要旨集』573-574、2022

終章

＊1　WWF ジャパン『日本のエコロジカル・フットプリント 2017 最新版』

＊2　国立社会保障・人口問題研究所『日本の将来推計人口─平成 28 (2016) ～ 77 (2065) 年─附：参考推計　平成 78 (2066) ～ 127 (2115) 年（平成 29 年推計）』2017

おわりに

　学芸出版社から『撤退の農村計画』(前作) が出て約13年が経過した。本書は、そのあとの筆者の各種の調査や論考をまとめたものであるが、その道のりは決して平たんではなかった。

　今思えば、前作の筆者の記述にはバランスのわるいところが少なくなかった。今回、多少なりともそのあたりが改善できたのは、「撤退」の本質を見抜き、応援してくださった方々、建設的に批判してくださった方々のおかげである。心から感謝の意を表したい。

　それだけではない。いささか奇妙に聞こえるかもしれないが、前作に対する誤解の声、「がんばっている人の足を引っ張っている」といったものにも感謝している。「その種の誤解をどのように解けばよいのか」も、本書執筆の起爆剤の一つであった。

　今回の論考も「100点か」といわれれば、「ノー」といわざるをえない。本書の内容は、自然の都合から、個々人の都合、社会や経済の都合まで、広大な領域にまたがっている。また、個々の手法にとどまらず、全体の組み立てまで言及している。筆者としては、個々の記述の「解像度」を犠牲にして全体像を描いたといいたいところであるが、一つ一つをみれば、少し古かったり、甘いところがあったりと、改良すべき点が無数にあるといわざるをえない。「デジタル田園都市国家構想」といった (執筆時) 最新のトピックにも触れていない。世界的なエネルギーや食料の確保などについても、さらなるリサーチが必要であろう。今後についても、読者のみなさまからのご教示の声をお願いしたい。

　筆者が「撤退」ということばを口にするようになってから約16年の年月が経過した。まず、初期の苦楽をともにした共同研究会「撤退の農村計画」(現在は消滅) のメインメンバー各位、特に、一ノ瀬友博氏、前川英城氏、齋藤晋氏に感謝の意を表したい。そこでのディスカッションがなかったら、本書は誕生していなかったと断言できる。次に、何かと迷走することが多い筆者を見守ってくださった先生方、永松敦氏、吉岡崇仁氏、松田裕之氏、溝口勝氏、水越伸氏、金沢大学人間社会学域地域創造学類の教職員各位に感謝の意を表したい。

さらに、今井修氏、山本尚史氏、江原正規氏、杉野弘明氏、関口達也氏からは、継続的な激励や貴重なご助言をいただいた。本書の文章やデータの細かい点検では、亀山智実氏・野村桃子氏・栢場瑠美氏、出版全般については、学芸出版社の関係者各位、特に中木保代氏から多大なるご協力をいただいた。この場にて感謝の意を表したい。

　現在、51歳の筆者は、30年〜40年スケールの集落づくりの結末を見ることができないかもしれない。一文字一文字に神経を使ったつもりであるが、分からないことだらけのなか、「将来」について記すことは、それなりの不安を伴うものであった。また、個々の記述の「解像度」を犠牲にして全体像を描くというのも不安の連続であった。それらを乗り越えることができたのは、議論そのもののよしあしを超越して筆者の力量を信じてくれた家族のおかげである。家族全員に最大限の感謝の意を表し、筆を置くこととしたい。

2024年1月吉日

林　直樹

著者

林 直樹（はやし・なおき）
金沢大学人間社会研究域地域創造学系・准教授。
1972年生まれ。京都大学大学院農学研究科博士後期課程修了、博士（農学）。
人間文化研究機構総合地球環境学研究所研究部・プロジェクト研究員、横浜
国立大学大学院環境情報研究院・産学連携研究員、東京大学大学院農学生命
科学研究科特任准教授などを経て現在に至る。
編著：『撤退の農村計画』、分担執筆：『里山・里海—自然の恵みと人々の暮
らし』朝倉書店、『地域再生の失敗学』光文社、『秋田・廃村の記録』秋田文
化出版ほか

撤退と再興の農村戦略
複数の未来を見据えた前向きな縮小

2024年3月1日　　第1版第1刷発行

著　者………林　直樹

発行者………井口夏実
発行所………株式会社 学芸出版社
　　　　　　〒600-8216
　　　　　　京都市下京区木津屋橋通西洞院東入
　　　　　　電話 075-343-0811
　　　　　　http://www.gakugei-pub.jp/
　　　　　　E-mail: info@gakugei-pub.jp
編　集………中木保代

ＤＴＰ………村角洋一デザイン事務所
装　丁………ym design　見増勇介・関屋晶子
印　刷………イチダ写真製版
製　本………新生製本

撤退の農村計画
過疎地域からはじまる戦略的再編

林直樹・齋藤晋 編著
A5 判・208 頁・本体 2300 円＋税

人口減少社会において、すべての集落を現地で維持するのは不可能に近い。崩壊を放置するのではなく、十分な支援も出来ないまま何がなんでも持続を求めるのでもなく、一選択肢として計画的な移転を提案したい。住民の生活と共同体を守り、環境の持続性を高めるために、どのように撤退を進め、土地を管理すればよいかを示す。

少人数で生き抜く地域をつくる
次世代に住み継がれるしくみ

佐久間康富・柴田祐・内平隆之 編著
A5 判・176 頁・本体 2300 円＋税

農山村地域をはじめ日本全国で人口減少が止まらない。本書では、現状にあらがうのではなく受け入れて、少人数でも暮らしを持続する各地の試みを取りまとめた。なりわいの立て直し、空き家活用、伝統・教育・福祉を守る、ネットワークの仕組みなど多角的な切り口で、地域住民と外部人材の双方による世代の継承を展望する。

住み継がれる集落をつくる
交流・移住・通いで生き抜く地域

山崎義人・佐久間康富 編著
A5 判・232 頁・本体 2400 円＋税

地方消滅が懸念され、地方創生の掛け声のもと人口獲得競争とも取れる状況があるが、誰がどのように地域を住み継いでいくのか、その先の具体的なビジョンは見えにくい。本書は、外部との交流や連携によって地域の暮らし、仕事、コミュニティ、歴史文化、風景を次世代に継承している各地の試みから、生き抜くための方策を探る。

過疎地域の戦略
新たな地域社会づくりの仕組みと技術

谷本圭志・細井由彦 編著／鳥取大学過疎プロジェクト 著
A5 判・216 頁・本体 2300 円＋税

鳥取大学と自治体による実践的連携から生まれた本書は、地域の現状と将来を診断し、社会実験も踏まえ社会運営の仕組みを提案、その仕組みを支える技術も一冊に取りまとめている。福祉、交通、経済、防災、観光、保健など分野に囚われない総合的なアプローチが特徴。自治体、NPO 職員、地元リーダーなどに役立つ一冊。

神山進化論
人口減少を可能性に変えるまちづくり

神田誠司 著
四六判・256 頁・本体 2000 円＋税

徳島県神山町。人口 5300 人、志の高い移住者が集まる地方再生の先進地。町は今、基幹産業の活性化、移住者と地元住民の融合、行政と民間企業の連携、担い手の世代交代などの課題解決のため、農業、林業、建設業、教育の未来をつくるプロジェクトに取り組む。100 人以上のプレイヤーたちに取材した現在進行形のドキュメント。